地热储层改造干热岩力学特性与改性机理

潘继良　著

北　京
冶 金 工 业 出 版 社
2024

内 容 提 要

本书共分6章，主要内容包括：概论；热化改性花岗岩物理参数与导热性能演化分析；热化改性花岗岩微细观结构表征及损伤劣化机理；热化改性花岗岩单轴压缩力学特性研究；热化改性花岗岩拉伸断裂力学特性研究；热化改性花岗岩损伤本构模型及试验验证。

本书可供岩石力学、工程地质、采矿工程、石油工程等领域的科研人员和工程技术人员阅读，也可供高等院校相关专业师生参考。

图书在版编目（CIP）数据

地热储层改造干热岩力学特性与改性机理／潘继良著 . —北京：冶金工业出版社，2024. 1

ISBN 978-7-5024-9718-7

Ⅰ . ①地… Ⅱ . ①潘… Ⅲ . ①干热岩体—热储—岩石力学—研究 Ⅳ . ①P314

中国国家版本馆 CIP 数据核字（2024）第 023593 号

地热储层改造干热岩力学特性与改性机理

出版发行	冶金工业出版社	电　　话	（010）64027926
地　　址	北京市东城区嵩祝院北巷 39 号	邮　　编	100009
网　　址	www. mip1953. com	电子信箱	service@ mip1953. com

责任编辑　郭冬艳　美术编辑　吕欣童　版式设计　郑小利
责任校对　范天娇　李　娜　责任印制　窦　唯
北京建宏印刷有限公司印刷
2024 年 1 月第 1 版，2024 年 1 月第 1 次印刷
710mm×1000mm　1/16；9.5 印张；185 千字；144 页
定价 66.00 元

投稿电话　（010）64027932　投稿信箱　tougao@cnmip. com. cn
营销中心电话　（010）64044283
冶金工业出版社天猫旗舰店　yjgycbs. tmall. com
（本书如有印装质量问题，本社营销中心负责退换）

前　言

随着我国经济的快速发展，对资源和能源的消耗量与日俱增。煤炭、石油、天然气等化石燃料作为不可再生能源，与社会发展不断增长的需求相矛盾，在利用过程中释放出的甲烷、二氧化碳等温室气体，也带来了一系列环境问题。因此，深入推进能源革命、优化能源结构、探索和开发利用清洁可再生能源，已成为保障国家能源安全和社会可持续发展的重要举措。

地热资源是现阶段发现的仅次于太阳能的第二大可再生能源，具有储量巨大、绿色低碳、可循环利用的特点，可维持能源的长期稳定供给，对我国实现"双碳"目标和未来能源结构调整具有重要意义。随着超深钻井和储层改造技术的发展，开发利用深部高温地热资源已成为世界发达国家争夺新一轮能源制高点的战略发展方向。干热型地热储层具有高温、高应力、高硬度和低渗透性的特征，通常需要采用人工造储等手段进行热能提取，例如建造增强型地热系统。然而，传统的热储改造方式面临开发成本高、难以形成有效裂隙网络和容易诱发区域性地震活动等难题，始终制约着深部地热资源的高质量开发。

随着储层强化增产技术在石油和页岩气开采等领域的成功应用，该项技术也逐渐被推广到深部热储改造。储层强化增产的目的是通过改变热储层的渗透性来提高岩体与流体之间的传热能力，核心关键难题在于如何构建复杂裂缝网络和降低诱发地震风险，以实现地热能的高效开发和利用。近年来，储层强化增产技术研发方向正在从"刚性造储"向"柔性造储"发展，尤其是以化学刺激为代表的柔性造储技术，因其具有穿透性能好、诱发地震风险性低等优点，逐渐成为深部热储改造的优选方案。与纯水力压裂或剪切相比，结合热刺激、化学刺激等多手段混合刺激形成的裂缝网络几何形状更加复杂，同时能够在一定程度上缓解地热资源开发带来的环境安全问题，可能更有利于热储改造。

高温和化学腐蚀引起的花岗岩材料改性，一方面可以改善致密干热型地热储层的连通性，以期增加热交换面积；另一方面可以弱化干热岩的力学性能，进而提高压裂效率。因此，本书以高温及化学改性花岗岩为研究对象，综合采用室内试验、机理分析和理论推导等手段，对热化改性花岗岩的物理力学特性、孔隙结构演化规律和渐进破裂过程进行了研究，揭示了其宏观力学性能劣化的微细观机理和物理-化学反应原理，建立了一种考虑热化改性初始损伤与加载期间微元破裂损伤相结合的统计损伤本构模型，深入探讨了温度和化学改性作用对花岗岩力学性能损伤演化的影响机制。本书所述研究成果对于丰富高温岩石力学理论、促进柔性造储技术发展和保障地热资源安全开发等方面具有参考意义，也可为深部矿产资源开采、岩体结构火灾后施工、高放核废物地质处置等众多岩体工程提供借鉴。

在本书出版之际，衷心感谢蔡美峰院士、纪洪广教授、乔兰教授、李长洪教授、苗胜军教授、任奋华教授、李远教授、谭文辉副教授等在学术上给予的指导，感谢郭奇峰副教授、王培涛副教授、黄正均高工、梁明纯博士、杨鹏锦博士、荣涛博士、王阳洋博士、吴世超博士在试验上提供的指导和帮助，也感谢席迅副教授、李鹏副教授、张英老师对本书提出的修改意见和建议。

本书内容涉及的有关研究分别得到了中国工程院重点战略咨询项目（2019-XZ-16）、国家自然科学基金项目（L1824042）和中国博士后科学基金项目（2022M720412）的资助，在此表示诚挚的感谢。

本书在撰写过程中参阅了相关文献资料，在此向文献作者致以衷心的感谢。

由于作者水平所限，书中难免有不妥之处，敬请读者批评指正。

著　者

2023 年 8 月于北京科技大学

目　　录

1 概　　论

1.1　研究背景及意义

煤炭、石油、天然气等化石燃料作为传统的天然资源，千百年来有力地促进了社会文明的进步，是人类生存的物质基础和可持续发展的能源保障。然而，在实现全球现代化的进程中，人类对资源的消耗量与日俱增，化石燃料作为不可再生能源，与人类社会发展不断增长的需求相矛盾，导致潜在的世界能源短缺危机；另外，化石燃料作为一种烃或烃的衍生物的混合物，在利用过程中不可避免地会释放出甲烷（CH_4）、二氧化碳（CO_2）等温室气体，进而引起全球气候变暖等一系列环境问题。因此，深入推进能源革命，优化能源结构，转变能源生产与消费方式，探索和开发利用清洁可再生能源已成为保障国家能源安全和社会可持续发展的重要举措。

地热资源作为一种绿色低碳、储量巨大的可再生能源，对于我国实现"双碳"目标和未来能源结构调整具有重要战略意义。地热资源按其产出条件可分为水热型和干热型，其中，水热型地热资源也称常规地热资源，蕴含于高渗透孔隙或裂隙介质中，以液态水或蒸汽为主，是目前地热勘探开发的主体；干热型地热资源赋存于地下低孔隙度或低渗透性的高温岩体中，需要通过人工造储等手段进行热能提取。与水热型地热资源相比，干热型地热资源温度更高（>150℃）且赋存量巨大。据估算，我国大陆地区 3~10km 深度内的干热型地热资源总量约为 20.9×10^{24}J，若按 2%的可开采资源量计算，是水热型地热资源量的 168 倍。例如，西藏羊八井地热田的水热型地热资源已逐渐收缩，前期钻探表明该地区深部及其周边存在大面积高温干热岩体，且具有裂缝性热储，易于进行人工热储改造和现场试验。对于干热型地热资源开采，通常需要向热储层中注入冷流体形成冷-热循环进行热量交换，当前研究以增强型地热系统（enhanced geothermal system，EGS）为主，其原理在于通过储层改造在地下深部低渗透性干热岩（hot dry rock，HDR）中形成人工热储裂隙网络进行热能提取。目前常用的储层改造技术主要来源于石油和页岩气开采等领域，如水力压裂、热刺激和化学刺激等手段，其目的在于增加岩层的孔隙度和渗透率，提高热储体积和换热面积。

然而，干热型地热资源埋藏深，开发难度极大，其利用制约于社会经济价值和现有技术条件。为了降低深部地热资源的开采成本，提高商业化利用的经济效益，Brown 提出了利用超临界二氧化碳（SCCO$_2$）作为工作流体替代水进行 EGS 循环，在地热能提取过程中实现 CO$_2$ 地质封存，同时还有助于节约水资源和抵消 CO$_2$ 捕获与封存成本；唐春安等基于开挖、爆破和崩落等成熟的采矿技术，提出了开挖式增强型地热系统（EGS-E）的概念；欧盟 CHPM 2030 项目基于原地溶浸采矿技术，提出了在含金属地质构造中建立 EGS 工程实现超深矿体的热-电-金属联合开采；蔡美峰等系统性地提出了深部矿产和地热资源共采的战略构想，初步构建了深部矿产资源开采系统和地热开发系统"共建-共存-共用"的关键理论与技术体系。无论是利用热刺激或化学刺激改造干热岩储层，或是通过原位开挖或原位溶浸的方式实现深部矿产与地热资源共采，均涉及高温和化学溶液对岩石物理力学性质的改变。强烈的高温和化学溶蚀作用在激发储层和溶浸金属矿产的同时，也会降低地下岩体结构的稳定性，进而引发井壁塌孔、地层沉降和诱发区域性地震活动等灾害，严重影响地热资源的安全开采以及工程系统的稳定运行。因此，开展与干热岩相关的基础理论和关键技术研究，有利于推动我国深部地热资源的高质量开发和规模化利用。

1.2 深部地热储层改造技术研究现状

EGS 的概念最早源于 20 世纪 70 年代初的美国 Fenton Hill 地热工程项目，旨在从低渗透或低孔隙的干热岩中经济地提取出地热资源而建造的人工储层。EGS 的典型地质背景可覆盖岩浆岩、变质岩和沉积岩三大岩类（见表 1-1），但研究认为，最适合干热岩的岩石类型是花岗岩或其他结晶基岩。EGS 工程包括注入井、热储层、生产井和地热电站等几个核心组成部分，其中，热储层作为注入井与生产井的连接通道，同时也是采热流体介质与高温地热岩体进行热量交换的场所，其规模范围和连通效果直接决定了 EGS 工程的商业化潜能。例如，即使储层岩体具有足够高的温度，但由于地层渗透性或连通性低、储层体积不足等原因，将导致在生产过程中无法产生足够的流体进行有效的热量提取。因此，通常需要对致密的天然热储层进行改造以提高岩体渗透率、换热介质循环流速和有效换热面积。

表 1-1 EGS 工程场址主要岩石类型

国家	EGS 工程场址	主要岩石类型
美国	Great Basin	沉积岩
	Snake River Plain	在玄武岩和花岗岩上方含沉积物的硅质火山岩
	Oregon Cascade Range	火山岩、侵入岩
	Southern Rocky Mountains	花岗岩

国家	EGS 工程场址	主要岩石类型
美国	Salton Sea	变质岩、沉积岩
	Clear Lake Volcanic Field	花岗岩、沉积岩
	Chena Hot Springs	第三纪花岗岩
	Kilauea volcano, Hawaii	玄武岩
澳大利亚	Cooper Basin	花岗岩
	Paralana	沉积物覆盖层和花岗岩基底之间的界面
法国	Soultz-sous-Forêts	花岗岩
	Le Mayet de Montagne	花岗岩
德国	Falkenberg	花岗岩
	Bad Urach	云母正长岩，结晶
	Horstberg	低渗透沉积物
瑞士	Basel	花岗岩
瑞典	Fjällbacka	花岗岩
英国	Rosemanowes in Cornwall	花岗岩
日本	Hijiori site	火山岩
	Ogachi site	花岗闪长岩

当前，热储改造最常用的方法包括水力压裂、化学刺激和热刺激，以及这 3 种方法的相互配合。其中，水力压裂是通过注入井向地层泵入高压流体，使地层张开、错动形成高导流能力的裂缝或自支撑的裂缝网络，目前关于水力压裂的工业试验和基础研究最为广泛，在室内试验和数值模拟方面均取得了大量有意义的研究成果。热刺激是通过注入低温流体使高温地层岩体发生收缩达到形成裂缝的目的，其关键在于需要足够大的温差和注入速率，例如部分学者提出用低温液氮代替水作为流体介质进行热量交换。化学刺激则是以低于地层破裂压力的注入压力把酸或碱溶液注入地层，依靠其化学溶蚀作用达到溶解裂隙表面可溶性矿物或井筒附近沉积物的效果，从而激活已有裂隙或产生新的裂隙，增加岩体的孔隙度和渗透率，进而改善注入井和生产井的连通性。通过对目前暂停或关闭的 EGS 工程进行经验总结，发现因储层改造而造成 EGS 工程失败主要包含两方面原因：一是压裂失败导致储层没有形成长期有效的裂缝网络；二是储层刺激过程诱发强度较高的地震导致 EGS 工程被迫终止。

由于化学刺激技术具有穿透性能好、诱发地震风险性低等优点，逐渐成为 EGS 工程中水力压裂的有效辅助手段。EGS 工程中常用的化学刺激剂包括酸性和碱性两大类，其中，酸性刺激剂主要为盐酸溶剂（HCl）和土酸溶剂，HCl 一般用于溶蚀岩体中的碳酸盐矿物（如方解石、白云石、菱铁矿等），土酸一般由

10%~15% HCl 和 3%~8% 氢氟酸（HF）组成，当中混合的 HF 可以溶蚀热储层岩体的所有矿物成分（石英、黏土、碳酸盐矿物等）；常用的碱性刺激剂为 10% 氢氧化钠溶剂（NaOH）或碳酸钠溶剂（Na_2CO_3），在高温环境下可以有效溶解石英和方解石等矿物。相对于酸性刺激剂而言，碱性刺激剂的溶蚀速度较慢，穿透性更好，溶蚀石英、长石和方解石的能力更强，但是也更容易生成次生沉淀。在实际 EGS 工程储层激发中，通常会在化学刺激剂里加入螯合剂减缓化学反应速率，例如乙二胺四乙酸（EDTA）或次氮基三乙酸（NTA）等，用以延长流体介质在热储层中的有效刺激距离，同时螯合剂还可以有效溶解碳酸盐矿物来减少次生沉淀的生成，扩大裂隙的张开度，提高热储层的改造质量。

　　化学刺激最早用于油气井增产，在 EGS 工程的首个应用示范案例是美国的 Fenton Hill 项目。研究人员首先在 100℃ 高温和 10MPa 压力环境下，将干热岩岩屑和岩心样品分别浸泡在 Na_2CO_3、NaOH 和 HCl 溶液中开展化学刺激试验，通过增大溶液浓度和延长刺激时间，发现 Na_2CO_3 和 NaOH 溶液对岩心渗透率的提升更为明显。因此，在实际生产中开始尝试向地层注入 Na_2CO_3 与 NaOH 的混合溶液作为刺激剂用以激发结晶基岩储层，最终储层裂隙中的石英矿物得到了有效溶解，但由于形成的人工裂隙网络效果不太理想，整体的连通性并未得到有效改善。虽然 Fenton Hill 项目的工业试验没有取得理想的激发效果，但为化学刺激在 EGS 工程中的应用提供了宝贵的经验。此后，化学刺激技术逐渐在法国的 Soultz 项目和德国的 Groß Schönebeck 项目中得到实践。其中，Soultz 项目将土酸溶剂（12% HCl+3% HF）注入花岗岩型干热岩储层中，使地热井的产能得到了有效的提高；Groß Schönebeck 项目通过水力压裂与酸化刺激相结合，使干热岩储层（以火山岩和硅质碎屑岩为主）的生产率总体提升了 5.5~6.2 倍。

　　由于 EGS 工程仍然处于实践探索阶段，目前关于化学刺激改造热储层的研究更多的是以室内岩心流动实验为主。那金通过岩心流动实验，对松辽盆地干热岩靶区深部火山岩的化学激发效果进行了模拟，所用化学刺激剂包括 15% HCl、2% NTA+NaOH、土酸（7% HCl+1% HF）和低浓度土酸（7% HCl+0.5% HF）共 4 组，发现低浓度土酸能够更好地溶蚀岩体中的钾长石、钠长石和石英等矿物成分，可以有效提高热储层岩体的渗透率；郭清海等考虑注入流速的影响，分别选用 10% NaOH、10% HCl 和土酸（10% HCl+0.5% HF）作为化学刺激剂，对青海共和盆地花岗闪长岩热储岩体开展了岩心流动实验，发现注入 HCl 溶液和土酸后花岗岩样品渗透率均有提升，且在中等注入流速下溶蚀程度最高，而注入 NaOH 后样品渗透率反而降低，分析认为 NaOH 在溶解岩石样品裂隙表面矿物后，极易形成非定形态二氧化硅或非定态铝硅酸盐蚀变矿物并阻塞裂隙；庄亚芹通过高温高压反应釜模拟温度（150℃ 和 180℃）和压力（≤16MPa）条件下化学刺激剂与青海共和盆地花岗岩样品的相互作用，刺激剂包括 10% NaOH、10%

HCl 和土酸溶液，发现 HCl 溶液刺激后岩石渗透率的提高倍数最弱，NaOH 溶液次之，土酸溶液提高倍数最大，且渗透率与土酸中的 HF 浓度和刺激时间呈正比关系，但当 HF 浓度增高至 7% 时，反应过程产生的蚀变矿物会阻塞微裂隙而导致渗透率降低。此外，Luo 等通过岩心流动实验研究发现 HF 浓度为 5% 的土酸对青海共和盆地花岗岩渗透率提升最高，并得出 480h 是最佳化学刺激时间的结论；许佳男基于静态溶蚀实验和岩心流动实验，对河北马头营地热储层岩体分别进行了酸碱溶液刺激，发现酸性刺激剂比碱性刺激剂溶蚀效果更好，而添加 DTPA 螯合剂的 NaOH 溶液对岩心渗透率提升明显，最有利于热储改造。

Farquharson 等以法国 Soultz 地热储层化学增产为工程背景，考虑不同温度（100～700℃）和不同浓度 HCl 溶液的作用，对处理后的花岗岩样品开展了间歇反应试验和岩心流动试验，分别研究了热刺激和酸性化学刺激花岗岩的孔隙特征和渗透特性，同时分析了试样的单轴抗压强度和弹性模量的变化。结果表明，热刺激比酸性化学刺激更有助于提高花岗岩的孔隙率和渗透率，在 300℃ 以上的某些情况下，渗透率提升可达 6 个数量级。而酸性刺激花岗岩虽然具有明显的矿物溶蚀现象，但渗透率提升却并不明显，原因在于酸刺激会引起热处理试样和含天然裂隙试样内部矿物沉淀而堵塞流体通道。

Liu 等以辽东半岛地热区中生代花岗岩样品为研究对象，基于瞬态压力脉冲法分别研究了热刺激和化学刺激对花岗岩渗透率的影响，设计了 300℃、400℃ 和 500℃ 共 3 组温度水平，采用自然冷却和遇水冷却两种方式对高温花岗岩进行热刺激。化学刺激剂则是包括酸碱在内的共 8 组不同配比类型溶液（HCl+HF、$NaHCO_3$、Na_2SO_4、$CaCl_2$ 和 NaOH 等），在常温下对样品浸泡 21 天后做烘干处理进行测试。研究发现，在土酸中浸泡后的花岗岩渗透率最多可提高 3～4 个数量级，而在其他溶液中浸泡后渗透率变化仅有 1～2 个数量级。花岗岩渗透率随着热处理温度的升高而增大，且遇水冷却对渗透率的提升效果优于自然冷却，500℃ 高温遇水冷却对花岗岩渗透率的提升效果几乎与土酸刺激（0.5%≤HF 浓度≤2%）相当。

综上所述，目前关于化学溶液对地热储层改造研究的侧重点在于不同化学刺激剂对岩石渗透率的影响，且大多选择常温或 200℃ 以内温度开展试验。虽然最近的研究成果考虑了深部热储层高温环境的影响，但仅是将热刺激和化学刺激分开讨论，并未对二者的共同作用开展进一步的研究。此外，尽管 Farquharson 等分析了花岗岩试样的单轴抗压强度和弹性模量随化学刺激时间的变化，但并未对试样的力学特性做更加深入的研究。

1.3 高温作用下花岗岩物理力学特性研究现状

花岗岩作为一类常见的岩浆岩，主要矿物为石英、钾长石和酸性斜长石，次要矿物则为黑云母、角闪石，有时还有少量辉石。花岗岩同样也是一种天然的非均质材料，不仅含有矿物颗粒，而且还包含有大量随机分布的微缺陷和微裂纹。花岗岩等脆性材料的物理特性与矿物成分变化、微裂纹的演化和宏观裂纹的扩展密切相关。矿物成分和结构特征的变化是导致花岗岩物理力学性质发生变化的内在因素，通过研究物理特性的变化有助于分析高温作用后的花岗岩力学行为特征。

由于岩石中各种矿物颗粒的粒径大小、热膨胀性能和强度参数等存在差异，在高温条件下的变形各不相同，致使微元体的自由热膨胀受到阻碍，在各个方向上产生不同的膨胀或收缩变形，进而导致矿物颗粒之间或颗粒内部形成热应力而产生新裂纹，且微裂纹数量会随着温度的升高而增加。岩石的热行为不仅取决于矿物成分，还取决于每种矿物在岩石中的比例、大小、结构、方向、弹性特性以及每种矿物热膨胀的各向异性。也就是说，岩石热损伤和微裂纹的萌生和扩展方式与矿物成分、温度、热扩散、热膨胀、升温速度以及孔隙率、晶粒尺寸和其他结构因素有关。此外，岩石在高温作用下会发生一系列物理和化学变化。物理变化主要包括岩石内部水分的流失、质量和体积的变化、裂纹的萌生和扩展，化学变化则主要包括晶体的相变和矿物成分的变化。当温度较低时，岩石的主要变化多为物理变化，高温条件下主要发生化学变化。

高温作用会引起花岗岩物理特性的改变，如质量、体积、纵波波速、孔隙率、渗透率和导热系数等。其中，花岗岩质量、体积和纵波波速的变化与高温作用下的水分蒸发有关。根据水在矿物中的存在形式和与晶体结构的关系，可细分为吸附水、结晶水和结构水，花岗岩经过高温处理后会引起内部水分蒸发，导致质量和体积的减小以及纵波波速的下降。Zhang 等通过试验发现，花岗岩的质量在 300℃之前有明显下降，特别是在 100~300℃温度区间内的下降速度最快，而体积变化规律与质量变化存在较大区别；在 100℃之前，花岗岩体积略有缩小，但随后在 100℃以上逐渐膨胀；在 300~500℃温度区间内，体积增大速度加快；波速的变化可以反映花岗岩内部缺陷（如微裂纹、微孔隙）的增长，特别是在结晶水和结构水逸出的温度范围内，岩石微裂纹将显著增加，表现为随着温度的上升，纵波波速逐渐减小，当温度超过 300℃时，下降速度更为明显。

岩石的渗透性在很大程度上受裂缝形态和孔隙结构（如曲折度、连通性和体积）的影响，而裂缝形态和孔隙结构主要与高温热膨胀引起的微裂纹分布及微观结构破坏有关。Inserra 等利用光学显微镜和荧光分析法观察了不同温度作用后花岗岩的微观结构变化，发现加热后的花岗岩内部微裂纹扩展十分明显，不仅会增加花岗岩内部的孔隙占比，而且还会破坏原有的小网络结构，增强渗透系统的连通性，提高通道的流通能力。分析认为，孔隙率和渗透率的增大与晶体结构参数的变化密切相关，当温度低于石英矿物产生相变的临界温度 573℃时，花岗岩的孔隙率和渗透率主要受热应力和热应力引起的内部水汽逃逸的控制；随着温度的持续增大，内部水分不断逸出，在矿物成分发生变化的同时，蒸发的水汽还会引起闭合裂纹的张开和扩展；当温度升高到500℃时将导致花岗岩微观结构发生剧烈变化，在晶粒内部及其边界产生更多新的裂纹。

温度场分布受岩体的热特性，特别是其导热系数的影响，与高热导率岩体相比，低热导率岩体中将会产生更高的热量积聚。岩石的导热系数与矿物组成、孔隙率、结构和密度等密切相关。对于具有相对均匀结构和低孔隙率的结晶岩，矿物成分对导热系数的影响起关键作用；而对于火山岩和沉积岩，岩石孔隙率的高度可变性则是控制导热系数的主要因素。考虑到EGS工程围岩所处的工程环境，地下水、温度和应力重分布均会影响到其导热能力。通常而言，岩石材料的导热系数随含水量的增加而增大，随温度的升高而减小，且随着岩石孔隙率的增加，含水饱和度对导热系数的影响呈增强的趋势。此外，压应力作用也会引起岩体导热系数的改变。原因在于，压应力作用会使岩石内部裂纹和孔隙闭合，增加矿物颗粒相互接触的机会，从而提高了岩石中热流的传输能力，且随着压应力的增加导热系数呈非线性递增，之后由于岩石内部裂纹和孔隙的闭合，导热系数开始趋于定值。除压应力作用外，矿物颗粒形状、颗粒接触面积和颗粒大小等因素也会影响到岩石的热传导性。

岩石的力学性质，如弹性模量、泊松比、单轴抗压强度和抗拉强度等，受温度影响很大。早在1900年，学者便开始对不同温度下的圆柱形大理石进行简单的压缩试验，发现大理石的极限强度和延展性均随着围压的增大而增加，而极限强度会随温度的升高而降低。之后，Handin和Hager等人系统性地开展了围压作用下沉积岩的三轴压缩实验，包括粉砂岩、页岩和砂岩等7类岩石，并分析了高温和孔隙水压力对岩石变形和强度的影响。在此基础上，Serdengecti和Boozer考虑应变率的变化，进一步研究了围压、应变率和温度对砂岩、石灰岩和辉长岩三轴压缩行为的影响。对于高温花岗岩，Heuze于1983年对高温作用后花岗岩的力学性能进行了综述，总结了温度对变形模量、泊松比、抗拉强度、压缩强度、内聚力和内摩擦角、导热系数和熔化温度等参数的影响，并讨论了侧压和高温对不同花岗岩热膨胀的依赖性。Wang和Konietzky对1000℃以内的花岗岩物理力学参数进行了归纳总结和统计分析，结果表明，花岗岩的抗拉强度、杨氏模量、内聚力、内摩擦角和导热系数随着温度的升高呈现连续减小的变化特征，石英在573℃左右经历的α-β相变会导致泊松比、热膨胀系数、比热容等参数随着温度的升高而产生突变。

随着试验设备的发展和技术手段的不断丰富，对高温岩石力学性质的研究变得更加精细化和系统化。目前，学者们对高温花岗岩物理力学特性的研究主要集中在实时高温和高温后冷却两个方面。受限于试验条件和设备，大多研究集中于花岗岩在达到指定温度后冷却至室温下的力学性质，冷却方式包括自然冷却、遇水冷却和其他条件冷却（如液氮冷却等）。相较于实时高温加载，快速冷却引起的热应力主要来自岩石的温度梯度以及岩石内部相邻矿物之间的不均匀热膨胀。下面分别对高温后不同冷却方式及实时高温下花岗岩的力学特性研究现状进行论述。

（1）高温后自然冷却。Alm 等在 100~600℃ 范围内对花岗岩进行了高温热处理，基于声速测量、单轴压缩试验、巴西劈裂试验和三点弯曲试验系统地研究了高温后花岗岩的力学特性，并利用光学显微镜、扫描电镜和差应变分析研究了微裂纹密度随温度的变化规律。杜守继等对 800℃ 以内高温作用后的花岗岩进行单轴压缩试验，分析了纵波波速和弹性模量与温度之间的关系，发现 400℃ 是花岗岩出现力学性能转变的拐点，400℃ 以下高温对力学性质的劣化程度较弱，在达到 400℃ 之后力学性能则开始迅速下降。朱合华和闫治国等对 800℃ 范围内共 5 级温度水平作用后的高温岩石力学性能开展了研究，对比了 3 类岩石试件的峰值强度和变形参数随温度的演变特征，以及与纵波波速之间的关系。陈有亮等对 1000℃ 高温作用后花岗岩的力学参数进行了回归分析，建立了峰值强度、峰值应变和弹性模量等参数与温度之间的回归关系函数表达式。田文岭借助岩石高温高压三轴试验系统，探讨了温度（25~750℃）、围压（0~40MPa）和加载路径等因素共同作用的影响，对致密粗晶花岗岩的物理力学参数和破裂模式等开展了较为系统地研究，发现在试验温度范围内，内摩擦角和黏聚力均随着温度的升高先增大后减小，拐点温度分别为 450℃ 和 150℃，而弹性模量和变形模量则随着温度的升高不断下降，但下降速率会随着围压的增加而逐渐降低。徐小丽等对高温作用下花岗岩分别开展了单轴和常规三轴压缩试验，从宏观力学和微观结构变化的角度分析了花岗岩在高温作用下力学性质的变化特征及其微观机制，发现在试验条件下（最高温度达 1000℃，最高围压为 40MPa），花岗岩的力学性质主要受温度影响，其次是围压。杨圣奇等通过试验分析了不同晶粒尺寸花岗岩的高温力学行为，并探讨了围压作用对不同晶粒花岗岩破坏模式的影响，发现相较于细晶花岗岩，粗晶花岗岩的强度和弹性模量稍弱，且力学性质更易受到温度的改变，原因在于粗晶花岗岩内部含有更多的天然缺陷，这也导致在高围压条件下粗晶和细晶花岗岩的峰后破坏模式分别呈现出延性和脆性的不同特征。

（2）高温后遇水冷却。Kumari 等研究了不同温度和不同冷却条件下澳大利亚 Strathbogie 花岗岩的力学行为，最高热处理温度高达 800℃，研究表明，遇水冷却会产生突然的热冲击，其对力学性能的影响远大于自然冷却，且高预热温度和高冷却速率都会加快裂纹的萌生和扩展，导致裂纹密度增加并引起宏观力学性能的进一步劣化。邵保平等探讨了花岗岩遇水热破裂的劣化机制，提出了热冲击因子的概念，将其定义为"单位时间内温度梯度的变化率"，基于青海共和盆地花岗岩的热冲击破裂试验，认为花岗岩的强度主要与热冲击速度和热冲击因子有关，与热冲击温差之间没有绝对的相关性。Zhang 等考虑了遇水冷却循环次数的影响，研究了高温和水冷循环作用下花岗岩的力学性能和微观特征，发现花岗岩单轴抗压强度和弹性模量均随温度和循环次数的增加而下降，尤其是在 400℃ 以上和循环 1 次之后，认为矿物颗粒的不均匀热膨胀和循环热冲击是花岗岩发生质变的根本原因。靳佩桦等研究了急剧冷却对高温花岗岩物理力学性质的影响，发现 500~600℃ 是花岗岩发生脆-延性转化的温度区间。

（3）高温后液氮冷却。黄中伟等对比了不同温度（25~600℃）作用后花岗岩试件在经过液氮冷却和自然冷却后的渗透特性，发现冷却前岩石的温度越高，冷却过程中产生的热应力和损伤程度越明显，且液氮冷却比自然冷却更有利于提升花岗岩的渗透率。Wu 等通过试验对比了自然冷却、遇水冷却和液氮冷却 3 种方式对高温花岗岩（25~600℃）物理力学性质的影响，相较于自然冷却和遇水冷却，液氮冷却在所有目标温度下均会引起物理力学性能产生更严重的劣化，表明液氮冷却比其他两种冷却处理方式更能显著破坏高温岩体，同时根据微观结构分析，发现晶间裂纹是热处理过程中的主要失效形式，且大部分晶间裂纹分布在石英边界。Shao 和 Ge 等则分别利用半圆弯曲试样和巴西圆盘试样研究了高温后液氮冷却对花岗岩断裂韧度的影响，均得出了 400℃ 是花岗岩从脆性到韧性转变的临界温度阈值的结论。

（4）实时高温作用。许锡昌和刘泉声探讨了三峡花岗岩在 20~600℃ 实时高温作用下的单轴压缩特性，分析了弹性模量、单轴抗压强度和泊松比等力学参数随温度的变化规律；之后，刘泉声等利用 MTS 高温高压试验机对三峡花岗岩开展了一系列单轴和三轴抗压蠕变试验，在 20~300℃ 之间的 7 个温度水平内，讨论了温度和时间对花岗岩力学性能的影响规律。赵阳升等针对实时高温作用花岗岩开展了大量的工作，自主研发了 600℃ 下 20 MN 伺服控制高温高压岩体三轴试验机，系统研究了实时高温及三轴应力状态下花岗岩的力学特性及渗透特性，发现高温高压下花岗岩的热损伤是由晶内和晶间热应力所引起。万志军等利用该试验机揭示了 600℃ 以内高围压作用下花岗岩的热学及力学特性，发现在三维静水应力下，花岗岩的热变形可以分为低温缓慢变形段、中高温快速变形段和高温平缓变形段。徐小丽等对实时高温（25~1000℃）作用下的花岗岩进行了单轴压缩试验，分析了温度梯度和加载速率对花岗岩力学性质及破坏方式的影响。马啸等自主研制了实时高温真三轴试验系统，可真实模拟岩石在深部地层中的温度应力场耦合环境，最高温度可达 460℃，并对比了实时高温真三轴试验与常规三轴试验的结果，分析了温度和中间主应力对花岗岩力学特性的影响。东北大学的刘造保等自主研制了岩石高温高压两刚一柔型真三轴时效力学试验系统，可在最高 250℃ 的长时高温下进行真三轴、蠕变以及循环加卸载等多种应力路径试验，并应用该系统研究了高温高压条件下北山花岗岩的强度与变形特征，以及高温条件下锦屏大理岩的真三轴蠕变行为。

对于实时高温和高温后冷却二者之间的差异性，部分学者也开展了相关的对比试验研究。张洪伟等开展了 500℃ 范围内 5 个温度水平的高温花岗岩力学试验，研究结果表明，相较于实时高温作用，遇水冷却花岗岩的抗压强度和弹性模量随着温度的升高降低幅度更加明显，说明对花岗岩进行遇水冷却处理时，温度骤降形成的热冲击破坏力比一般的热应力要更加剧烈。张志镇等对实时高温（25～850℃）和热处理后（25～1200℃）的花岗岩开展了单轴压缩和冲击倾向性分析，发现随着温度的升高，高温后冷却花岗岩的冲击倾向性总体呈逐渐下降趋势，而实时高温花岗岩的冲击倾向性则会从强冲击倾向演化为极强冲击倾向，然后再转变为弱冲击倾向或无冲击倾向。罗生银等对 600℃ 内的花岗岩进行了研究，发现在温度低于 400℃ 时，实时高温对花岗岩物理力学性质的弱化起主导作用，而在400℃ 及以上高温下，则以自然冷却产生的力学性质弱化更为严重，因此将 400℃作为实时高温和自然冷却发生差异性转变的拐点。

1.4　化学作用下花岗岩物理力学特性研究现状

几乎所有的地下工程岩体都会受到地下水的影响。地下水的化学成分十分复杂，含有各种离子、气体、胶体物质、有机质及微生物等，且地下水的 pH 值和化学组分浓度会随着时间而发生变化，其变化过程是地下水与自然地理、地质背景以及人类活动长期相互作用的结果。岩石作为典型的非均质材料，其内部矿物成分、颗粒大小和微观结构等具有很强的差异性，在经受高温或化学腐蚀作用时，不同矿物颗粒和内部结构会发生一系列复杂的物理化学变化，包括水与岩体之间的离子交换、溶解、水化、水解、腐蚀、氧化和还原等。这些反应将会改变岩体的矿物成分以及微观和细观结构，从而引起宏观力学性能的改变。

化学溶液对岩体的侵蚀可分为水物理作用和水化学作用。其中，水物理作用主要包括 3 个方面：（1）对矿物颗粒间胶结面起到润滑和软化作用，导致岩石强度参数（内聚力和内摩擦角等）出现劣化；（2）在矿物颗粒之间产生拉应力并导致裂纹扩展；（3）沿裂缝传输微量矿物质，改变岩石质量和内部孔隙结构。水化学作用与矿物成分密切相关，其中以石英矿物最为稳定，通常只与氢氟酸反应，微溶于水溶液；碎屑状沉积物在所有矿物中的表现最不稳定，很容易与化学溶液发生反应以产生物质交换；长石矿物（钾长石、钠长石、钙长石等）的稳定性介于石英和碎屑矿物之间，在化学溶液中容易发生化学反应，例如酸性溶液中的 H^+ 离子会取代长石类矿物质中的 K^+、Na^+ 和 Ca^{2+} 离子产生新的矿物质；云母在稳定性方面仅次于石英矿物，只有极少量的云母可溶于化学溶液；方解石和白云石矿物在酸性溶液中极不稳定，容易与 H^+ 离子反应生成氧化物、二氧化碳和水。原生矿物的分解和新矿物的形成改变了岩石的内部结构，形成孔隙、空洞和腐蚀裂缝，增加岩体的孔隙率和渗透率，进而影响到岩石材料的宏观物理力学特性。

由于变质岩（如板岩、大理岩等）和沉积岩（如灰岩、砂岩、页岩等）更容易与水溶液发生反应，且在地表和地下浅层区域分布较广，涉及的工程如自然环境水对水库坝体的侵蚀、岩质边坡或石质文物的酸雨腐蚀、油气井的酸化增产等，因此对变质岩和沉积岩的水化学作用性质研究较多。受限于试验技术手段，早期关于岩石化学溶液腐蚀作用的研究主要集中在宏观力学性质方面。20 世纪 80 年代，Atkinson 和 Meredith 即通过试验研究了蒸馏水、HCl 溶液和 NaOH 溶液对石英的裂纹扩展速率和应力强度因子的影响。在此之后，Feucht 和 Logan 研究了干燥条件、蒸馏水和酸碱化学溶液浸泡对石英砂岩断裂面摩擦系数和强度的改变，并且讨论了不同离子浓度和 pH 值的作用规律。Karfakis 和 Akram 以及 Dunning 等则分别研究了不同化学溶液浸泡后岩石的强度变化、摩擦特性和断裂机制。

国内以汤连生等、陈四利等、丁梧秀和冯夏庭等为代表的学者，较早地开展了岩石力学特性与破裂行为的化学腐蚀效应研究。汤连生等基于单轴压缩试验，对比了花岗岩、红砂岩和灰岩 3 种岩石在不同化学溶液静态浸泡和循环流动浸泡条件下的力学性能差异，提出影响岩石化学损伤的主要因素有岩石的物理性质和矿物成分、水溶液的化学性质、岩石的结构或物质成分空间分布的非均匀性、水溶液通过岩石的流动速率和岩石的成因及演化历史 5 个方面。陈四利等探讨了不同酸碱化学溶液腐蚀后砂岩的压缩力学特性，发现其中 pH 值的变化对岩石的力学效应影响更加显著，呈现出酸性越强或碱性越强对砂岩的腐蚀性越大的规律。丁梧秀和冯夏庭等研究了不同化学溶液浸泡后灰岩的三轴压缩力学特性，认为化学溶液浸泡对岩石的软化作用是产生应变腐蚀的主要原因。此外，姚华彦等、王伟等和韩铁林等学者也分别针对不同岩性的岩石试件开展了化学浸泡试验，探讨了化学溶液类型、pH 值以及离子浓度等因素对岩石单轴或三轴压缩变形及强度特征的影响规律。为了进一步研究腐蚀时间效应的影响，谭卓英等、霍润科等分别开展了大理岩、辉绿岩和砂岩等岩石材料的长期浸泡试验，分析了岩石物理力学性质随腐蚀时间的变化特征，发现岩石的物理力学性质与溶液浸泡时间密切相关。

随着"深地"工程的不断发展，如干热岩热储层改造、深部矿产资源开采、高放核废物地质处置、废弃矿井再利用等，均涉及花岗岩的长期化学腐蚀问题。花岗岩属于岩浆岩，具有非常低的孔隙率和物理渗透性，同时还具有很强的耐热稳定性和抗腐蚀性，与化学溶液之间很难在短时间内产生显著的化学反应。因此，相较于沉积岩或变质岩，目前关于化学作用下花岗岩的物理力学性质研究相对较少。周倩和陈有亮考虑了酸性溶液的 pH 值和腐蚀时间效应，对长期静态浸泡后的花岗岩试件开展了单轴压缩试验，发现随着溶液酸性的增强和浸泡周期的增加，试件的弹性模量和峰值应力会降低，同时也会削弱花岗岩矿物晶体之间的连接性。苗胜军等则考虑了酸性溶液 pH 值和动态浸泡流速的影响，基于压缩试验和劈裂试验，研究了酸性溶液浸泡环境下花岗岩试件的损伤时效特征、压缩力学特性以及参数损伤效应。当前有关碱性溶液浸泡下花岗岩力学性质的研究则相对更少，王伟等通过三轴压缩试验分析了碱性溶液 pH 值对花岗岩的强度和变形特性的腐蚀效应，研究发现，随着碱性溶液 pH 值上升，试件的内聚力和内摩擦角分别表现出增大和减小的变化特征，且相较于中性溶液浸泡，碱性溶液浸泡后花岗岩试件的三轴压缩强度会得到提升。

关于高温热损伤和化学腐蚀共同作用下的岩石物理力学性质，也逐渐引起了学者们的广泛关注。陈有亮等以高放核废物处置库围岩为研究对象，开展了高温和酸性溶液双重因素下的花岗岩冻融循环实验，对比发现经多重因素作用后的岩石会发生更为严重的损伤破坏。Huang 等考虑隧道围岩遭受火灾及地下水化学侵蚀的特殊情况，先对花岗岩、砂岩和大理岩进行了 1000℃ 以内的高温处理，之后放入酸性溶液中浸泡 7 天后取出，发现高温和酸腐蚀会使岩石表面变得更加破碎，质量损失量和孔隙率随着温度的升高和酸溶液的侵蚀呈增大趋势，而纵波速度、导热系数和抗拉强度则随着温度的升高和酸溶液的侵蚀而降低。花岗岩在高温和酸溶液腐蚀下的矿物反应如图 1-1 所示。

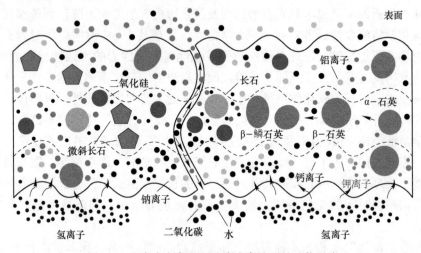

图 1-1 花岗岩在高温和酸溶液腐蚀下的矿物反应

以上研究主要考虑了高温和酸性溶液作用，李哲等进一步考虑了高温与蒸馏水、酸性溶液和碱性溶液之间的共同作用，将砂岩分别放入蒸馏水、酸性 HCl 溶液和碱性 NaOH 溶液中浸泡 90 天，然后进行 800℃以内的不同等级高温处理，单轴压缩试验结果表明，高温使 NaOH 溶液浸泡后的砂岩出现"负损伤"现象，峰值应力和弹性模量得到明显提高；在 400℃以下，HCl 溶液和蒸馏水浸泡后的砂岩峰值应力和弹性模量随着温度的升高呈降低趋势；推测 600℃时砂岩内部部分矿物会发生热熔效应，导致微裂纹及微孔隙的闭合，从而使得峰值应力和弹性模量得到提高。综上所述，目前关于热损伤花岗岩在碱性溶液浸泡后的力学性质研究依旧较少。

1.5 花岗岩热损伤与化学损伤作用机理

岩石作为一种多晶体材料，其变形过程中的力学行为不仅受到外界环境的影响，而且还与其内部结构密切相关。外界环境（应力、水压、温度以及化学作用等）的变化是引起岩石内部微裂纹萌生和扩展演化的外在因素，微观层面上的沿晶和穿晶裂纹以及宏观层面上的矿物颗粒分离则是导致岩石发生损伤破裂的内在原因。早期对岩石力学性质的研究主要依赖于宏观力学测试，由全应力-应变曲线的变化对其损伤破裂过程进行解释。随着科学技术的不断发展，更多的微细观试验技术和方法被引入到岩石力学领域。应力诱导裂纹损伤的萌生和扩展是岩石发生脆性破坏的前兆，通过研究岩石内部裂隙、孔隙、破裂发展等微细观结构的变化，揭示其宏观物理力学性质改变的内在机制，成为目前常用的研究手段。总体而言，可分为间接检测法和直接检测法两大类，间接检测法包括声发射技术（AE）、核磁共振技术（NMR）、超声波无损检测（UT）和 X 射线衍射分析（XRD）等，通过检测岩石某种物理性质和机械性能的变化来描述损伤及其发展；直接检测法包括光学显微镜观测（OM）、扫描电镜观察（SEM）、计算机断层扫描技术（CT）等，是用金相学等观测方法直接获得岩石材料中各种微观裂纹的数目、形状、大小和分布情况等。目前，在高温与化学溶液作用花岗岩损伤破裂机理研究方面，较为常用的研究方法如下：

1.5.1 声发射技术（AE）

现代 AE 技术以 Kaiser 发现金属和合金材料在形变过程中的声发射现象为开始。岩石在变形过程中的破裂实际上伴随着裂纹的萌生、扩展和相互贯通，该过程将以弹性波的形式向外发射能量，称之为声发射活动。声波通过试件或岩石传播，并由连接到采集系统的声波传感器记录。采集到的声发射信号波形携带了有关岩石裂缝的信息，从这些波形中获得的振幅、频率、计数和能量等特征参数可用于揭示岩石的破坏机制。声发射计数和能量可以反映岩石破裂单元的数量和强度，声发射发生的位置可代表岩石内部的微裂纹损坏区域分布，声发射信号随时间的变化可以用来描述损伤累积、裂纹合并和宏观裂纹扩展过程。重要的是由于应力、温度以及水化学环境等外界因素的改变将导致岩石断裂机制的变化，因此在不同的外界因素作用下，岩石破裂产生的声发射信号将各不相同。通过监测岩石试件在加载期间的声发射活动，可用来分析高温和水化学作用对岩石损伤破裂特征的影响。

Cai 等研究认为，AE 技术（或微震）可用于实验室和原位条件下的岩石损伤评估，并基于 AE 技术分析了岩石的裂纹闭合应力 σ_{cc}、裂纹起始应力 σ_{ci} 和裂纹损伤应力 σ_{cd} 的获取方法，为 AE 技术在岩石损伤破裂机理方面的应用奠定了基础。基于该方法，赵星光等通过 AE 技术研究了北山花岗岩在单轴和三轴压缩条件下的破裂过程，探讨裂纹起始应力 σ_{ci}、裂纹损伤应力 σ_{cd} 和峰值应力 σ_c 对围压的依赖性；孙雪等基于三轴压缩试验并配合声发射监测，建立了用 AE 累计振铃计数率表征的损伤演化模型，将损伤演化全过程划分为损伤形成、损伤稳定增长、损伤加速增长和损伤破坏 5 个阶段；Zhou 等利用 AE 技术分别研究了花岗岩在循环加卸载试验、常规三轴压缩试验和水力耦合试验条件下的声发射特征，对微裂纹损伤演化的不同阶段进行了划分。

在高温热处理花岗岩损伤机理研究方面，陈颙等较早地研究了岩石热开裂时的声发射现象，在120℃范围内探讨了加热速率对花岗岩热破裂行为的影响；吴刚等对实时高温作用下花岗岩的声发射与细观结构形态进行了探讨，发现花岗岩的力学特性及声发射特征与岩样内部裂纹的形成具有对应关系；张玉良等采用对花岗岩在升温和降温期间的声发射信息进行了实时监测，发现花岗岩的热损伤主要集中在升温段；武晋文等研究了花岗岩在实时高温作用下的声发射变化规律及岩石损伤破裂特性，认为高温作用下岩石内部结构的变化是引起声发射现象的内在原因，120℃是实时高温作用下花岗岩发生热破裂的阈值温度；翟松韬等对比了花岗岩在实时升温期间以及高温作用后单轴压缩加载期间的 AE 特征，发现两个阶段内的 AE 振铃计数率都会随着温度升高而增大，且实时高温下的 AE 累计振铃计数要高于高温作用后加载期间的累计振铃计数。

在水化学作用下花岗岩损伤机理研究当中，AE 技术的应用则相对较少。Feng 与 Seto 较早地将 AE 技术引入到水化学作用岩石的损伤破裂研究中，分析了不同化学环境下日本大岛花岗岩在破裂过程中的声发射行为，发现了与化学溶液作用下岩石破裂过程相关的声发射行为在时间上具有分形特征；Wang 等利用 AE 技术研究了不同高温处理后北山花岗岩的水力耦合特性，分析了试件在不同热处理温度下的峰值强度和裂纹损伤阈值变化规律；张艳博等对比研究了干燥和饱水花岗岩的单轴加载声发射特性，定性和定量分析了声发射平静期的参数特征和频谱特征，发现饱水改变了花岗岩的微观破裂模式进而导致声发射特征出现变化。

有关研究发现，声发射参数特征中的上升时间与最大幅值的比值（Risetime/

Amplitude，RA）与平均频率（Average Frequency，AF）可用来判断岩石的破裂类型。例如，Aggelis 等研究发现张拉破裂对应的声发射信号持续时间与上升时间相对较短、频率相对较高，而剪切破裂对应的声发射信号持续时间与上升时间相对较长、频率相对较低。何满潮等对北山花岗岩开展了 4 种不同卸载速率的岩爆试验，根据声发射参数 RA 和 AF 特征值分布情况，揭示了裂纹类型的演化过程；葛振龙等根据不同高温处理后砂岩在破坏过程中声发射参数 RA 和 AF 值的变化，研究发现，当加热温度超过 600℃时，剪切裂纹所占比例上升，当加热温度达到 800℃以后，剪切裂纹所占比例则迅速下降。

1.5.2　核磁共振技术（NMR）

孔隙结构是指岩石所具有的孔隙和喉道的几何形状、大小、分布及其相互连通关系，直接影响着岩石的宏观物理力学性质和化学性质。NMR 技术可以通过测定多孔介质中的水或其他流体的质子的弛豫特性，通过核磁共振信号获得质子在多孔介质内部的数量和分布状态，从而实现岩石内部微观结构的表征。其基本原理在于，岩石内部孔裂隙水中^{1}H 核的横向弛豫时间 T_2 与孔隙半径成正比，孔隙越大弛豫时间越长，而孔隙越小则弛豫时间越短。NMR 技术不仅具有快速、无损、高精度和可重复检测等优点，而且获得的检测数据（如 T_2 谱分布）可以定量表征岩石细观孔隙结构在一定环境条件下的变化和演化趋势。

近年来，NMR 技术逐渐被用于高温花岗岩的热损伤分析，孙中光等采用低场核磁共振系统研究了北山花岗岩在高温热损伤后的 T_2 谱图和质子密度分布，发现在 0~400℃温度范围内，T_2 谱没有明显变化，质子密度分布均匀且没有发现明显的质子密度簇，说明花岗岩内部结构稳定；当温度高于 500℃时，T_2 谱振幅显著增大且向右大幅移动，晶体裂纹和边界裂纹的产生致使出现大量的高质子密度区域，并随着温度持续升高质子密度高的微小区域融合成大的连通区域。朱要亮等利用 NMR 技术研究了高温花岗岩在自然冷却和遇水冷却后的细观结构损伤特性，研究表明，高温试件大孔隙的孔径大小与数量均随着温度的升高而增加，而小孔径孔隙的数量则随着温度的升高先减少后增多，且遇水冷却试件的孔径尺寸和数量均高于同等温度下的自然冷却试件。陈世万等利用压汞试验和核磁共振研究了不同温度处理后北山花岗岩的宏观性质和微观结构，测试结果表明，在 300℃热处理后，花岗岩的孔径和孔隙体积均减小闭合，400℃以上热处理试件的孔径和孔隙体积随温度的升高而逐渐增大。此外，陈世万等还根据核磁共振获得的孔径分布研究了孔隙结构的分形维数，发现北山花岗岩在 300℃热处理后的分形维数降低，在 300~700℃范围内随着温度的升高而增大，提出了利用分形维数和孔隙率预测渗透率的半经验公式。

对于化学腐蚀作用后的花岗岩，田洪义等通过 NMR 技术研究了酸性溶液对花岗岩微观结构的影响，研究结果表明，在酸性溶液作用下，花岗岩试件孔径分布随着溶液 pH 值的降低，逐渐从"以小孔径为主，中孔径为辅"转变为"以中孔径为主，大孔径为辅"，进而导致试件孔隙率的上升。Huang 等利用 NMR 技术研究了高温和酸性腐蚀对花岗岩、砂岩和大理石 3 种岩石材料孔隙率的影响，结果表明，孔隙率随着热处理温度和酸性腐蚀强度的增加而增加；当热处理温度低于 300℃时，无论有无酸蚀处理的试件孔隙率均缓慢增加，表明岩石的微细观结构变化是由热损伤和酸性腐蚀引起的；随着热处理温度的进一步升高，无论是否进行酸腐蚀处理，试样的孔隙率都迅速增加；试样在 1000℃高温热处理和酸性腐蚀作用下的最终孔隙率为 7.08%，约为初始孔隙率的 6 倍，说明高温和酸性腐蚀严重破坏了岩石的内部微观结构，主要是原生微裂纹的扩展和大量新的微裂纹和微缺陷的产生，导致孔隙度大幅增加。

1.5.3　计算机断层扫描技术（CT）

在 20 世纪 80 年代中后期，Raynaud 等利用医用 CT 对花岗岩等 4 种岩石材料进行扫描，获得了试件内部裂隙的 CT 断面成像，在此之后医用 CT 逐渐被广泛应用于岩石材料内部结构的损伤探测。国内以杨更社等为代表的学者最早将 CT 技术用于岩石压缩过程中的细观结构观测，通过定性和定量的方式分析了岩石的损伤特性，并分析了单轴压缩条件下的岩石损伤扩展力学特性；不久后，葛修润等主持设计并研制了 CT 专用三轴加载设备，通过 CT 动态即时扫描获得了岩石试件在三轴和单轴压缩下的细观损伤演化规律。随着科学技术的不断发展，各种工业 CT 被研发用于岩石损伤探测，CT 图像的扫描速度、精度和分辨率均得到了显著提升。CT 技术的原理在于，通过 X 射线围绕岩石试件进行断面扫描，再由探测器接收穿过试件的衰弱 X 射线信息，然后通过计算处理获取该断面各点的 X 射线吸收系数值，最后把不同的数据以不同的灰度等级通过图像显示出来，得到该断面的孔隙结构特征。此外，还可以利用软件和算法对 CT 断面图像进行三维重构，获得岩石试件的三维孔隙结构特征。

赵阳升等采用 CT 技术分析了 500℃以内高温作用下花岗岩的热破裂过程，从细观的角度揭示了花岗岩晶体颗粒尺寸为 100~300μm 的不规则空间结构体；武晋文利用 CT 技术对高温热处理后的花岗岩进行扫描，观测到微裂纹会在 200℃左右萌生并在 300℃左右发生扩展和贯通；Zhao 等使用 CT 技术研究了三轴高温高压条件下花岗岩细观结构和宏观力学性能的演变，从细观结构变化的角度揭示了宏观力学性能劣化的机理；邰保平等利用 CT 技术获得了不同降温速率下花岗岩热破裂细观裂隙的分布，发现平均降温速率快的试件产生的热破裂裂隙密度更大；邓申缘等基于 CT 技术对 50~800℃范围内共 5 组温度作用后的花岗岩试件进行了扫描，通过三维重构技术讨论了不同温度下花岗岩内部微结构的演变规律；Yang 等利用 CT 技术分析了 25~800℃ 热处理对单轴压缩花岗岩热损伤特性的影响，发现在 25~600℃ 温度范围内，应力方向在花岗岩脆性断裂中起到主导作用，导致主裂纹沿轴向应力方向开裂，而在 700~800℃ 高温作用下，热损伤导致峰后塑性变形加大，认为 600℃ 是花岗岩从脆性断裂转变为韧性断裂的临界温度，高温处理后花岗岩试件不同高度 CT 断面图像如图 1-2 所示。

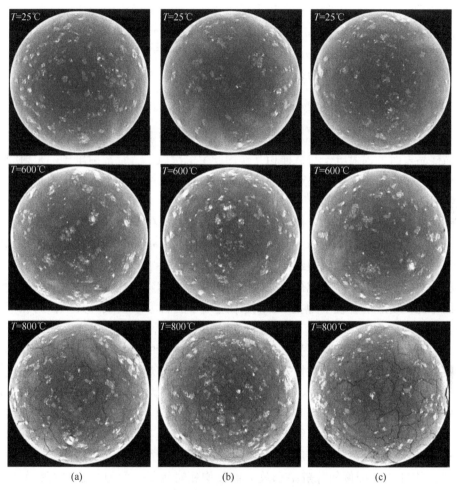

图 1-2　热处理花岗岩试件不同高度 CT 断面图像

（a）高度 10mm 断面；（b）高度 35mm 断面；（c）高度 60mm 断面

　　CT 技术也广泛应用于化学作用后岩石材料的腐蚀损伤检测以及水力压裂后的裂缝形态分析。腐蚀损伤检测主要用于煤岩、砂岩、碳酸盐岩等多孔岩石材料，在花岗岩方面的应用则主要集中在水力压裂领域。例如，Feng 等首次利用实时断层扫描技术对砂岩在化学腐蚀作用下的损伤演化特性进行了实验研究，获得了不同载荷水平下砂岩试件横截面的 CT 图像和 CT 值，分析了化学腐蚀导致损伤增加的机理并定义了化学损伤变量；Zhuang 等在直径为 30mm 的小型圆柱形花岗岩试样上进行了水力压裂试验，利用 CT 技术研究了水力裂缝的萌生和扩展过程与注水循环次数之间的关系，并且观测了晶间断裂和晶内断裂的形态；Song 等对不同水热条件下花岗岩裂隙渗透率的长期演化进行了研究，利用 CT 技术扫描提取了裂隙开度和接触面积，认为孔径的减小或接触面积的增加可能归因于压溶作用等化学过程；Avanthi 和 Ranjith 通过 CT 技术研究了深部地热储层中超临界 CO_2 压裂诱导裂缝的热-水-力-化（THMC）耦合特性，获得了超临界 CO_2 在注入花岗岩试样期间引起的裂缝形态演化特征。

1.5.4 扫描电镜技术（SEM）

SEM 技术的原理在于，在加速高压作用下将电子枪发射的电子聚焦成电子束扫描样品表面，入射电子与试样相互作用产生二次电子、背散射电子、X 射线等各种信息，利用探测器收集产生的信息并经过检测、视频放大和信号处理，形成电信号运送到显像管，即可在显示器上获得能反映样品表面特征的扫描图像。Sprunt 和 Brace 最早将 SEM 技术应用于岩石微观结构的研究，主要观测了岩石材料内部晶粒、晶界和空腔的变化。在 1976 年，Tapponnier 和 Brace 把 SEM 技术应用到了受力岩石试件的微裂纹观测，利用 SEM 技术揭示了围压作用下花岗岩应力诱发微裂纹的扩展演化规律。在国内，以谢和平和陈至达、凌建明和孙钧、赵永红等为代表的学者较早地把 SEM 技术应用于岩石力学领域。其中，谢和平和陈至达通过 SEM 技术观察了岩石破坏后的断口形貌特征，发现岩石的微观断裂形式主要包括穿晶和沿晶断裂以及两种断裂模式之间的相互耦合；凌建明和孙钧观察了花岗岩等 4 种典型脆性岩石在单轴压缩期间细观裂纹损伤的产生和演化规律；赵永红等通过 SEM 技术即时观测了含预制缺陷大理岩在单轴压缩下的表面微破裂发育及演化过程。之后，黄明利等、张梅英等利用 SEM 技术即时观察分析了花岗岩等岩石在单轴压缩下的微裂纹萌生、扩展和贯通破坏全过程，获得了岩石试样在各级荷载水平下所对应的微观结构变化特征。然而，受限于设备技术条件，早期 SEM 图像的分辨率和放大倍数均相对较低，但为揭示岩石材料的微裂纹演化规律和微细观损伤过程提供了试验基础。

对于高温热损伤花岗岩，Wang 等利用 SEM 技术对热损伤微裂纹的数量进行了统计，发现花岗岩热裂纹的萌生和闭合与施加的围压和温度大小密切相关，同时还观察到石英颗粒之间或石英与其他矿物之间的晶界优先开裂；Homand-Etienne 和 Houpert 基于 SEM 技术观察了花岗岩在 20~600℃ 范围内的热开裂行为，发现微裂纹长度在热处理期间几乎没有变化，而其宽度随着温度的增加而增大；左建平等基于 SEM 技术实时观察了北山花岗岩在 50~300℃ 温度范围内的热开裂全过程，发现北山花岗岩的热开裂临界温度为 68~88℃，且在较低温度时，热开裂以沿颗粒热开裂为主，在较高温度时，热开裂以穿颗粒热开裂及沿颗粒穿颗粒混合热开裂为主。Chen 等利用 SEM 技术研究了北山花岗岩的热损伤微裂纹形态，研究表明，花岗岩中的热损伤微裂纹主要是 100~573℃ 温度范围内形成的晶间裂纹，当温度超过 573℃ 时，由于石英的相变导致晶内裂纹逐渐开始发展。

对于化学腐蚀作用后的花岗岩，冯夏庭等通过研制侵蚀装置和数字显微观测系统，对环境侵蚀下三峡花岗岩的细观破裂行为进行了实时观测，采集到穿晶裂纹、绕晶裂纹以及沿晶裂纹的动态扩展全过程，但该系统以光学显微镜为基础，放大倍数较低；之后，陈四利等利用该系统分析了化学腐蚀下三峡花岗岩的破裂行为，并进一步探讨了不同浓度、不同 pH 值和不同化学溶液类型对花岗岩表面的腐蚀以及力学特性的影响；王苏然等通过 SEM 技术对单轴压缩破坏后的花岗岩碎片进行微观结构观察，发现经过酸性腐蚀的花岗岩中的矿物结构面更加松散且更容易被破坏，孔隙或裂隙中存在的二氧化硅颗粒脱水后形成的胶结物质在一定程度上增强了花岗岩的单轴抗压强度；Miao 等考虑不同 pH 值和流速的影响，对酸性溶液侵蚀后的花岗岩试样进行了单轴和三轴压缩试验以及劈裂试验，利用 SEM 技术和电子能谱仪观察和分析了酸性化学腐蚀对花岗岩微观结构、缺陷形态和矿物元素的影响，从化学动力学的角度讨论了花岗岩与酸性溶液之间的化学反应以及相互作用的损伤机制。

近年来，如压汞法（MIP）、超声波无损检测（UT）、X 射线衍射（XRD）和光学显微镜观察（OM）等手段也被广泛应用于岩石孔隙结构和损伤破裂特性的研究。张志镇等利用压汞法测试了 25~1200℃ 高温热处理后花岗岩的孔隙结构特征；杜守继等利用非金属超声检测分析仪对热处理花岗岩的纵波波速进行了测量，对比了纵波波速和弹性模量随温度的演化特征，发现高温作用对花岗岩纵波波速的影响程度大于对弹性模量的影响；Chen 等利用 SEM 和体视显微镜研究了高温热处理后花岗岩的微观结构，用 XRD 分析了热处理前后花岗岩中的矿物成分变化，从微观结构和矿物成分方面解释了花岗岩的高温破坏机制和力学特征。此外，通过测量高温作用后花岗岩的热力学参数也可用来反映岩石材料的损伤特征，例如，Gautam 等以印度在建核废料地质库的 Jalore 花岗岩为研究对象，综合利用瞬态平面热源法（TPS）、热重分析法（TG）、差热分析法（DTA）、XRD 和 SEM 等技术，对 Jalore 花岗岩的导热系数、热扩散系数、质量损失、弹性波速以及微细观结构进行了详细的研究。

2 热化改性花岗岩物理参数与导热性能演化分析

在干热岩地热储层改造期间，持续的热交换可促进岩石基质内微裂纹的萌生和扩展，通过注入化学刺激剂可溶解裂隙表面可溶性矿物或井筒附近沉积物，激活已有裂隙或产生新的裂隙网络，增大换热面积。然而，遇水冷却和化学溶蚀也会引起干热岩导热性能的改变，影响换热效率。因此，研究改性花岗岩的物理参数与导热性能变化特征具有重要意义。本章通过称重、测量和超声波检测等手段，计算获得花岗岩试件的质量、体积、密度和纵波波速等物理参数随热处理温度的演化规律；开展热常数分析试验，对热化改性花岗岩的导热性能进行测定，获取导热系数和热扩散系数随热处理温度的演化特征；建立关键物理参数与热处理温度之间的定量分析模型，分析导热系数和热扩散系数与密度和纵波波速之间的关联性。

2.1 热化改性试件制备流程

2.1.1 试件矿物成分分析

花岗岩在高温及化学溶液作用下的物理化学性质与其矿物成分密切相关，通过分析矿物组成可以更好地了解化学反应过程和微细观腐蚀机理。将初始花岗岩试样研磨成粉末状后，通过 XRD 衍射分析对样品成分进行测试，得到的 XRD 衍射图谱及主要矿物成分占比如图 2-1 所示。

XRD 衍射分析结果表明，试验用花岗岩试样的主要矿物成分及占比分别为：石英（SiO_2，17.0%），钠长石（$Na_2O \cdot Al_2O_3 \cdot 6SiO_2$，25.7%），钙长石（$CaO \cdot Al_2O_3 \cdot 2SiO_2$，45.0%），钾长石（$K_2O \cdot Al_2O_3 \cdot 6SiO_2$，10.0%），云母及其他黏土类矿物（2.3%），由花岗岩分类三角图可以判定试件属于花岗闪长岩。根据国际岩石力学学会（ISRM）建议标准，将花岗岩加工为高度和直径分别约为 100mm 和 50mm 的圆柱体试件（高径比为 2:1），通过对试样端面进行抛光处理，使两个端面的粗糙度小于 0.02mm，与样品轴线垂直度偏差小于 0.05mm，确保试样的端部光滑且平行。

为了尽可能降低岩石材料自身的非均质性和各向异性给试验结果带来的误差，所有试件取自同一块完整的岩体，加工完成后通过称重、尺寸测量、核磁共

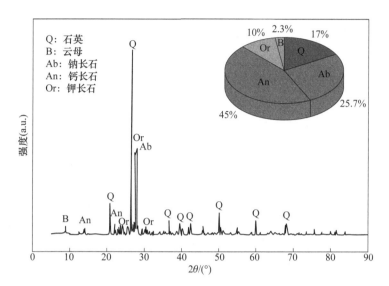

图 2-1 初始花岗岩试样 XRD 衍射分析结果

振试验和超声波检测对试件进行筛分，保证所有样本的密度、孔隙率和纵向波速的偏差均小于3%。筛选出的试件的密度ρ、孔隙率P和纵波波速v的范围分别为2.61~2.64g/cm³、0.54%~0.56%和4650~4790m/s。从后文中多次重复开展的单轴压缩试验结果可以看出，本批试件具有良好的均一性。为了进一步减少由样本差异引起的试验误差，同时考虑试件数量和制备成本，我们为每组试验准备了3个平行样本。

2.1.2 试件处理流程

在地热资源开发利用过程中，通常将冷流体注入干热岩中进行热量交换，通过冷-热流体循环将热能采出。注水井注入高压流体介质后，在高压水和热应力的作用下，井筒周围岩体首先发生水力压裂及高温热破裂，在近场及远场地层中形成相互连通的裂隙网络；之后，注入化学刺激剂激活已有裂隙或产生新的裂隙，形成的裂隙网络充当导水通道和换热通道，进一步激发储层的连通性。因此，在室内试验中可以把该流程简化为高温花岗岩试件先遇水冷却，之后再发生化学作用的试验过程，对应的高温花岗岩试件化学改性处理流程如图 2-2所示。

首先，采用快速升温箱式电炉（马弗炉）对试件进行高温热处理，设备最高加热温度可达1600℃，控温精度为1℃。为了降低升温过程中由不均匀温度分布引起的冲击热应力对花岗岩热膨胀行为的影响，控制升温速率为5℃/min。试验选取的温度条件包括25℃、150℃、300℃、450℃和600℃共5个温度水平，

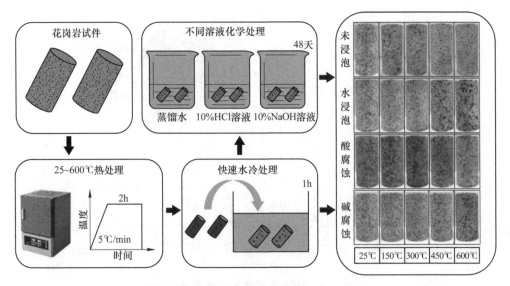

图 2-2 花岗岩试件高温及化学改性处理流程

当达到各个预设温度时，保持恒温状态 2h。之后将热处理后的高温试件从马弗炉里取出，快速放入 20℃ 的冷水中进行冷却，水冷时间 1h，待试件完全冷却后取出擦干，然后移入 105℃ 的恒温箱中进行 12h 的烘干处理，直至试件充分干燥。

考虑到当前干热岩储层改造最常用的酸性化学刺激剂主要为质量浓度在 10%～15% 的 HCl 溶液，或 HCl 与 HF 混合的土酸溶液；常用的碱性化学刺激剂一般为强碱性溶液，通常采用质量浓度为 10% 的 NaOH 溶液或 Na_2CO_3 溶液。因此，本文在室内模拟试验中选取配置的溶剂类型包括酸性的 10% HCl 溶液和碱性的 10% NaOH 溶液，同时设置中性的蒸馏水作为对照组。将高温水冷处理后的花岗岩试件分为 4 组，其中 1 组保持自然干燥状态，其余 3 组分别放入已配置的 10% HCl 溶液、10% NaOH 溶液和蒸馏水中进行长期浸泡。通过监测溶液的 pH 值判断花岗岩试件与浸泡溶液之间的化学反应是否结束。pH 值测定仪器型号为上海雷磁 PHS-3E pH 测试仪，测量精度为 ±0.01 pH，且具备自动温度补偿功能。HCl 溶液的 pH 值在 15 天内具有轻微幅度的增大，溶液酸性略有减弱，该阶段内的化学反应最为显著；NaOH 溶液的 pH 值在浸泡周期内几乎没有变化，意味着在常温环境下，碱溶液与花岗岩矿物之间的化学反应较弱。结合质量变化可以得知，在浸泡 33 天后，试件的质量和酸碱溶液 pH 值几乎不再有明显变化，可以判定在浸泡 33 天时溶液与试件之间的化学反应即已结束。因此，设置 48 天的浸泡周期，以确保花岗岩试件与溶液之间发生充分的化学反应。

2.2 热化改性花岗岩物理参数随温度演化特征

2.2.1 高温花岗岩物化性质演变过程

从 XRD 分析结果可知，试验用花岗岩试件主要由石英、钠长石、钙长石、钾长石和云母类矿物组成，理论上来说，钾长石的熔融温度为 1150℃，钠长石的熔融温度为 1100℃，钙长石的熔融温度为 1550℃，但由于花岗岩内含有 CaO、MgO、Fe_2O_3 和少量的云母等杂质矿物，因此在 600℃ 以内高温作用下也会出现强度软化现象。在 25~600℃ 温度范围内高温热处理花岗岩物化性质的阶段性变化过程如图 2-3 所示。在高温加热过程中，花岗岩内部某些矿物会发生分解、热熔融、脱水、相变、脱羟基、分子键断裂等一系列物理化学反应，进而引起微观结构的变化，形成微裂纹和微孔洞等微观缺陷，这些微缺陷的萌生、扩展和连通导致岩石宏观物理力学性能逐步劣化，结构逐渐损伤甚至破坏。此外，化学腐蚀作用将导致热损伤花岗岩的性能进一步劣化，导致结构破坏更加严重。

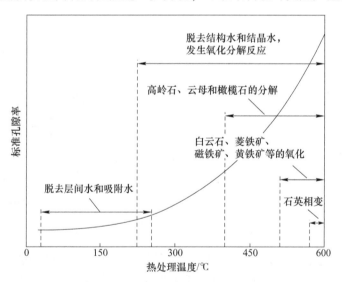

图 2-3 热处理花岗岩物化性质阶段性变化过程

2.2.2 质量和密度随温度演化规律

通过数显游标卡尺和高精度电子秤对热化改性花岗岩试件进行尺寸测量和称重，并对试件进行编号，N、TW、TH 和 TN 分别代表热处理后的自然干燥、水浸泡、酸腐蚀和碱腐蚀处理，U0~U4 依次代表 25℃、150℃、300℃、450℃ 和 600℃ 共 5 个温度水平。得到花岗岩试件在热化改性前后的基本物理参数（体积、质量和密度）汇总见表2-1。

表 2-1 热化改性前后花岗岩试件基本物理参数测试结果

试件编号	温度/℃	试件类型	改性前			改性后		
			体积 V_0 /cm^3	质量 m_0 /g	密度 ρ_0 /g·cm^{-3}	体积 V_a /cm^3	质量 m_a /g	密度 ρ_a /g·cm^{-3}
N-U0	25	自然干燥	190.80	503.46	2.639	—	—	—
N-U1	150		191.86	503.35	2.624	192.63	502.68	2.610
N-U2	300		195.86	512.00	2.614	196.94	511.13	2.595
N-U3	450		192.83	504.44	2.616	194.35	503.43	2.590
N-U4	600		198.22	516.52	2.606	201.66	515.00	2.554
TW-U0	25	水浸泡	190.21	500.29	2.630	190.15	500.08	2.630
TW-U1	150		189.44	500.51	2.642	190.09	499.65	2.628
TW-U2	300		189.63	498.28	2.628	190.50	497.12	2.610
TW-U3	450		191.18	503.94	2.636	192.39	502.21	2.610
TW-U4	600		190.40	501.94	2.636	194.02	498.95	2.572
TH-U0	25	酸腐蚀	190.40	500.67	2.630	190.07	499.20	2.626
TH-U1	150		191.95	506.79	2.640	192.40	504.90	2.624
TH-U2	300		191.95	506.31	2.638	192.49	504.12	2.619
TH-U3	450		192.92	506.47	2.625	193.70	503.47	2.599
TH-U4	600		192.14	506.88	2.638	195.00	500.97	2.569
TN-U0	25	碱腐蚀	191.95	505.96	2.636	191.84	506.03	2.638
TN-U1	150		191.37	503.83	2.633	191.93	503.26	2.622
TN-U2	300		192.73	508.86	2.640	193.47	508.20	2.627
TN-U3	450		191.76	503.19	2.624	192.73	501.75	2.603
TN-U4	600		191.18	503.26	2.632	194.40	499.82	2.571

为了更好地表征热化改性花岗岩试件的体积、质量和密度随热处理温度的变化规律，定义体积变化率 η_V、质量变化率 η_m 和密度变化率 η_ρ 分别如下：

$$\eta_V = \frac{V_a - V_0}{V_0} \times 100\% \tag{2-1}$$

$$\eta_m = \frac{m_a - m_0}{m_0} \times 100\% \tag{2-2}$$

$$\eta_\rho = \frac{\rho_a - \rho_0}{\rho_0} \times 100\% \tag{2-3}$$

式中 V_0，V_a——分别为高温及化学浸泡前后试件的体积，cm^3；

m_0，m_a——分别为高温及化学浸泡前后试件的质量，g；

ρ_0，ρ_a——分别为高温及化学浸泡前后试件的密度，g/cm^3。

热化改性花岗岩试件的体积变化率随温度变化规律如图 2-4 所示。可以看出，高温作用下花岗岩试件体积增加，且随着温度的升高而不断增大，在超过450℃后增长速率加快。究其原因，高温作用导致花岗岩所含矿物晶粒出现热膨胀现象，进而产生不可恢复变形。在温度从 450℃升高至 600℃期间，石英晶粒在 573℃时由 α 相转变为 β 相，晶粒体积产生剧烈膨胀并伴随有新裂纹的萌生和扩展，因此试件的体积变化增速加快。此外，由于化学溶液的浸泡和腐蚀作用，部分矿物与溶液之间发生一系列物理反应和化学反应，导致试件表面部分矿物溶解到溶液中，进而引起试件体积出现一定程度的缩小，其中以酸腐蚀最为明显，碱腐蚀次之。但总体而言，即使在 600℃高温作用下，自然干燥试件的体积增长率也仅有 2.14%。

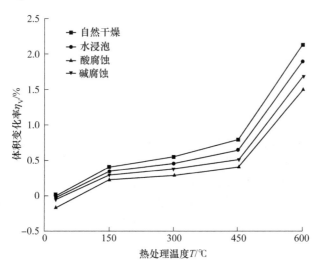

图 2-4 热化改性花岗岩试件体积变化率随温度变化规律

热化改性花岗岩试件的质量变化率随温度变化规律如图 2-5 所示。高温水冷作用会导致花岗岩试件质量的损失，且热处理温度越高，试件的质量损失越大。在试验温度范围内，试件的质量损失主要以脱水为主，在 300℃以内主要脱去层间水和吸附水，在 300℃以上逐渐脱去结构水和结晶水，在 450℃以上逐渐伴随有部分矿物的氧化和分解，因此表现为在 25～450℃时试件质量下降较为缓慢，在 450℃之上质量快速下降。此外，不同类型溶液化学改性作用下的高温试件，其质量变化存在一定的差异。其中，水浸泡和酸腐蚀试件由于矿物成分发生不同程度的溶解，导致质量进一步下降。而碱溶液与花岗岩矿物之间反应生成沉淀物，在 300℃以内，沉淀物堆积并填充试件内部微裂纹和微孔隙中，导致试件质量增大;在300℃之上,高温作用使试件表面变得更加松散和破碎,内部孔隙结构发生变化,扩大了矿物与碱溶液之间的接触面积,化学反应程度加剧;此外,由于试件孔隙体积的增大,反应生成的微小固体沉淀物更容易随着液体的晃动运移到溶液中,导致试件质量快速下降。

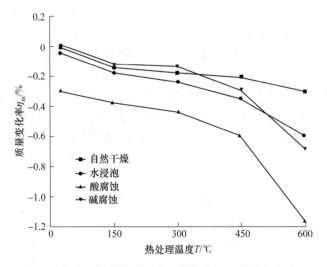

图 2-5   热化改性花岗岩试件质量变化率随温度变化规律

密度的变化即是试件体积和质量变化的综合体现,同时也是引起试件其他物理参数(如纵波波速、导热系数等)发生改变的主要原因之一。热化改性花岗岩试件的密度变化率随温度变化规律如图 2-6 所示。热化改性花岗岩试件的密度均会随着温度的升高而降低,且自然干燥、水浸泡和酸腐蚀试件的密度较为接近。

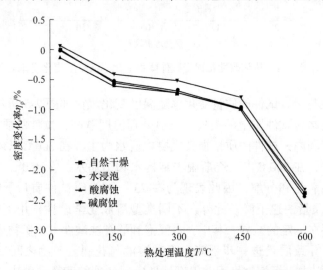

图 2-6   热化改性花岗岩试件密度变化率随温度变化规律

相较于其他化学改性试件，碱腐蚀试件的密度相对更大。一方面，碱溶液与花岗岩矿物发生化学反应，表面部分矿物的分解和溶蚀导致试件体积略有减小；另一方面，碱溶液与矿物之间反应生成的粉末状沉淀物聚集和填充进微裂纹和微孔隙内，导致碱腐蚀试件质量增大。

2.2.3 纵波波速定量分析模型

岩石的声学参数随温度的变化是分析岩体内部损伤程度的重要依据，其中超声检测作为一类无损探伤手段，可以对岩体内部的缺陷和损伤进行评价，纵波波速即是一种常用的表征方式。对浸泡周期内取出的热化改性花岗岩试件进行烘干处理，利用 ZBL-U5200 非金属超声检测仪测量其纵波波速。试验采用直接接触法进行测定，测量时在圆柱形花岗岩试件两端涂抹一层薄的凡士林作为耦合剂，以改善探头与检测面之间声波的传导。为了消除实验误差，每个试样测量 3 次取平均值。定义纵波波速变化率 η_v 为：

$$\eta_v = \frac{v_a - v_0}{v_0} \times 100\% \tag{2-4}$$

式中　v_0，v_a——分别为热化改性前后花岗岩试件的纵波波速，m/s。

岩石材料的纵波波速与矿物颗粒密度、粒径尺寸、基质含量、胶结程度和孔隙结构等多方面因素有关。纵波波速的测定相对比较简单，可以做到无损检测，且所需成本较低。通过建立纵波波速与其他物理参数或力学参数的关联性，可以更加方便地通过测量纵波波速来估算其他参数和分析物理力学性质的变化。因此，对热化改性花岗岩试件进行烘干处理，通过非金属超声检测仪测量其纵波波速，获得的纵波波速随温度变化规律如图 2-7 所示。

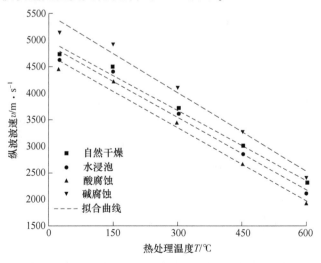

图 2-7　热化改性花岗岩试件纵波波速随温度变化规律

从整体上来看，热化改性花岗岩试件的纵波波速随温度的升高近似呈线性下降。在 25~150℃ 范围内，纵波波速降低幅度较小；在 150~600℃ 高温作用下，纵波波速随热处理温度的升高迅速下降。分析认为，由于热处理导致花岗岩内部形成大量损伤，当声波发射探头发出声波信号时，这些微孔隙或微裂隙的存在使纵波信号在传播进程中不断被反射、衰减，从而导致花岗岩纵波波速发生显著降低。相同热处理温度下，纵波波速从高到低依次为碱腐蚀>自然干燥>水浸泡>酸腐蚀。如前文所述，碱溶液与矿物之间发生化学反应生成的沉淀物聚集在试件内部，增加了固体颗粒骨架的密度，进而导致碱腐蚀试件的纵波波速略高于自然干燥状态，但这种差异性随着温度的升高而逐渐降低。

通过线性拟合得到热化改性花岗岩试件的纵波波速与温度之间的定量关系，相关系数 R^2 均大于 0.980，拟合效果良好。拟合关系式分别如下：

$$v_{\mathrm{T}} = 4980.68 - 4.376T, \qquad R^2 = 0.986 \tag{2-5}$$

$$v_{\mathrm{TW}} = 4899.69 - 4.543T, \qquad R^2 = 0.985 \tag{2-6}$$

$$v_{\mathrm{TH}} = 4724.54 - 4.592T, \qquad R^2 = 0.985 \tag{2-7}$$

$$v_{\mathrm{TN}} = 5480.83 - 4.927T, \qquad R^2 = 0.980 \tag{2-8}$$

式中　　　　　　　T——热处理温度，℃；

v_{T}，v_{TW}，v_{TH}，v_{TN}——分别为 T ℃高温热处理后自然干燥、水浸泡、酸腐蚀和碱腐蚀试件的纵波波速，m/s。

密度代表固体颗粒骨架的变化，而纵波波速则是固体颗粒骨架和孔隙结构变化的综合体现。热化改性花岗岩试件纵波波速与密度变化率之间的关系如图 2-8 所示。纵波波速与密度的变化存在较强的关联性，二者之间呈正相关。密度的降

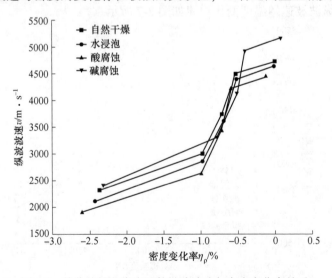

图 2-8　热化改性花岗岩试件纵波波速与密度变化率关系

低伴随着纵波波速的下降，特别是在150~450℃温度区间内，虽然密度降低幅度较小，但纵波波速下降幅度却十分明显；在450℃之后由于石英的相变，花岗岩试件密度显著降低，但纵波波速的下降速率逐渐放缓。在相同的密度变化率下，在150℃以内或450℃以上温度区间，纵波波速由大到小依次为碱腐蚀>自然干燥>水浸泡>酸腐蚀；在150~450℃温度区间内，各类试件的纵波波速则较为接近。也就是说，热化改性花岗岩的孔隙结构变化对150~450℃范围内的温度更为敏感，而固体颗粒骨架对450℃以上温度更为敏感。

2.3 热化改性花岗岩导热性能随温度演化特征

2.3.1 热常数分析试验

热物理参数（导热系数和热扩散系数）可用来反映岩体材料发挥蓄放热的能力，直接关系到地热储层中热交换的可传播范围。采用型号为 TPS 2500S 的 Hot Disk 热常数分析仪对热化改性花岗岩试件的导热性能进行测定，圆柱体试件的直径和高度分别为 50mm 和 25mm，在测试前对试件进行烘干处理，保证测量结果不受含水率的影响。测量探头为半径 9.868mm 的双螺旋探头，适用范围内的导热上限为 200W/(m·K)。基于瞬态平面热源法，在热常数测量时，将探头紧密夹于一对花岗岩试件之间，然后加以恒定电流，探头会自动记录电阻的变化情况，根据阻值的大小建立测试期间探头温度随时间变化的关系。为了消除实验误差，每个试样测量 3 次取平均值，获取花岗岩试件的导热系数和热扩散系数。热常数分析仪及试件安装如图 2-9 所示。

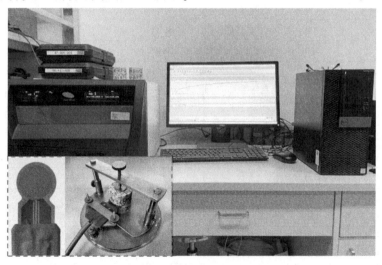

图 2-9 Hot Disk 热常数分析仪

由热传导原理可知，热传导是由物质内部分子、原子和自由电子等微观粒子的热运动而产生的热量传递现象，其机理十分复杂。花岗岩作为一类非金属固体材料，其内部的热传导是通过相邻分子在碰撞时传递振动能实现的，花岗岩材料的组成、结构、温度和物质的聚集状态等因素均会引起导热性能的变化。根据热常数分析试验和前文纵波波速测量结果，表 2-2 给出了热化改性花岗岩试件的纵波波速和热物理参数测定结果汇总。从测定结果来看，花岗岩材料的导热性能既受高温作用的影响，也与化学改性作用密切相关，其中以高温影响更为显著。导热系数和热扩散系数均随热处理温度的增加而逐渐下降，以自然干燥试件为例，600℃高温处理后试件的导热系数和热扩散系数仅有常温 25℃状态下的 58.40% 和 52.05%，下降幅度非常明显。而对于化学改性作用而言，碱腐蚀在一定程度上提高了花岗岩试件的导热性能，而酸腐蚀和水浸泡则会导致热化改性试件导热性能的降低，且酸腐蚀所引起的降低幅度相对更大。

表 2-2 热化改性花岗岩试件纵波波速和热物理参数测试结果

试件编号	温度/℃	试件类型	纵波波速 v /m·s^{-1}	导热系数 λ /W·(m·K)$^{-1}$	热扩散系数 α /mm^2·s^{-1}
N-U0	25	自然干燥	4720	3.293	1.634
N-U1	150		4490	3.192	1.478
N-U2	300		3720	2.998	1.406
N-U3	450		2990	2.794	1.188
N-U4	600		2310	1.923	0.851
TW-U0	25	水浸泡	4620	3.123	1.696
TW-U1	150		4390	3.018	1.662
TW-U2	300		3600	2.961	1.491
TW-U3	450		2850	2.739	1.303
TW-U4	600		2110	1.849	0.847
TH-U0	25	酸腐蚀	4440	2.981	1.584
TH-U1	150		4210	2.972	1.483
TH-U2	300		3420	2.792	1.332
TH-U3	450		2640	2.563	1.261
TH-U4	600		1910	1.99	0.919
TN-U0	25	碱腐蚀	5150	3.298	1.871
TN-U1	150		4920	3.219	1.869
TN-U2	300		4120	3.218	1.803
TN-U3	450		3290	2.902	1.593
TN-U4	600		2410	2.432	1.267

2.3.2 热物理参数定量分析模型

对导热系数随温度的变化进行拟合回归分析，得到热化改性花岗岩试件的导热系数随热处理温度变化规律如图 2-10 所示。导热系数与温度之间呈非线性下降关系，在 25～300℃ 温度区间，试件的导热系数下降趋势较为平缓；在 300～600℃ 温度区间，导热系数下降速率加快。化学改性作用引起的差异性主要体现在 300℃ 及以内，该范围相同热处理温度下，导热系数从高到低依次为碱腐蚀>自然干燥>水浸泡>酸腐蚀；在 300℃ 以上区间，高温起主导作用，各类试件的导热系数拟合曲线相互靠拢，化学改性引起的差异性逐渐缩小，除碱腐蚀外，其余试件的导热系数相差不大。

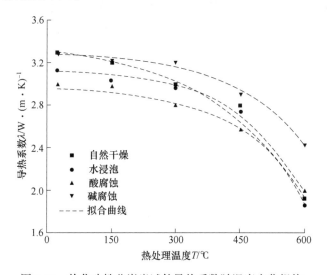

图 2-10　热化改性花岗岩试件导热系数随温度变化规律

通过非线性拟合，得到热化改性花岗岩试件的导热系数与热处理温度之间的拟合关系式分别为：

$$\lambda_{T} = 3.404 - 0.111e^{\frac{T-25}{221.83}}, \quad R^2 = 0.982 \tag{2-9}$$

$$\lambda_{TW} = 3.130 - 0.019e^{\frac{T-25}{137.25}}, \quad R^2 = 0.994 \tag{2-10}$$

$$\lambda_{TH} = 2.986 - 0.033e^{\frac{T-25}{167.80}}, \quad R^2 = 0.993 \tag{2-11}$$

$$\lambda_{TN} = 3.298 - 0.026e^{\frac{T-25}{164.08}}, \quad R^2 = 0.986 \tag{2-12}$$

式中　　　　　　T——热处理温度，℃；

λ_{T}，λ_{TW}，λ_{TH}，λ_{TN}——分别为 T ℃高温热处理后自然干燥、水浸泡、酸腐蚀和碱腐蚀试件的导热系数，W/(m·K)。

拟合曲线的相关系数 R^2 均大于 0.980，说明拟合效果良好。从拟合公式可以看出，热化改性花岗岩的导热系数与温度之间均满足以下统一形式的指数函数关系：

$$\lambda = \lambda_{25} - a_0 e^{a_T \Delta T} \tag{2-13}$$

式中 λ ——热化改性花岗岩在 T ℃时的导热系数，W/(m·K)；

λ_{25} ——试件在常温 25℃状态下的导热系数，W/(m·K)；

ΔT —— T ℃与常温 25℃之间的温差，℃；

a_0 ——拟合系数，W/(m·K)；

a_T ——温度系数，℃$^{-1}$。

对热扩散系数随温度的变化进行拟合回归分析，得到热化改性花岗岩试件的热扩散系数随温度变化规律如图 2-11 所示。试件的热扩散系数受温度的影响更多，其次为碱腐蚀作用，受酸腐蚀和水浸泡作用的影响较小。在 25～600℃试验温度区间内，热扩散系数随热处理温度的升高持续下降，且二者呈现出很好的线性关系。在相同热处理温度下，碱腐蚀试件的热扩散系数最大，说明碱腐蚀可以在一定程度上提高温度在花岗岩试件内部的传播速度，而其余类型试件的热扩散系数则较为接近。

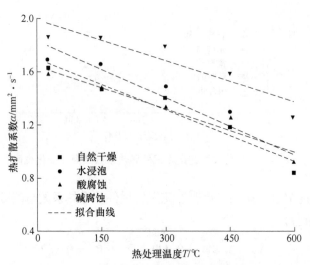

图 2-11　热化改性花岗岩试件热扩散系数随温度变化规律

通过线性拟合，得到不同化学改性条件下的高温花岗岩热扩散系数与热处理温度之间的拟合关系式分别为：

$$\alpha_T = 1.703 \times (1 - 7.544 \times 10^{-4} T), \quad R^2 = 0.943 \tag{2-14}$$

$$\alpha_{TW} = 1.836 \times (1 - 7.795 \times 10^{-4} T), \quad R^2 = 0.898 \tag{2-15}$$

$$\alpha_{TH} = 1.643 \times (1 - 6.537 \times 10^{-4} T), \quad R^2 = 0.932 \tag{2-16}$$

$$\alpha_{TN} = 1.996 \times (1 - 5.184 \times 10^{-4}T), \quad R^2 = 0.849 \qquad (2\text{-}17)$$

式中　　　T——热处理温度，℃；

α_T，α_{TW}，α_{TH}，α_{TN}——分别为 T ℃高温热处理后自然干燥、水浸泡、酸腐蚀和碱腐蚀试件的热扩散系数，mm²/s。

根据拟合曲线的相关系数 R^2 可以看出，对于自然干燥和水浸泡试件，热扩散系数与温度之间的线性拟合较为理想，但对于酸腐蚀和碱腐蚀试件，线性拟合效果稍差。根据拟合关系式，热化改性花岗岩试件的热扩散系数与热处理温度之间均满足以下统一形式的线性函数关系：

$$\alpha = \alpha_0(1 + b_T T) \qquad (2\text{-}18)$$

式中　　α——花岗岩试件在 T ℃时的热扩散系数，mm²/s；

α_0——花岗岩试件在0℃时的热扩散系数，mm²/s；

b_T——温度系数，℃$^{-1}$。

需要说明的是，0℃时花岗岩材料的热扩散系数是由拟合关系式计算得到的，仅具有数学意义，其物理意义还需通过试验做进一步验证。

2.3.3 导热性能与物理参数关联性分析

为了反映不同热化改性花岗岩试件的导热系数和热扩散系数与密度和纵波波速之间的关联性，通过图 2-12 和图 2-13 的关系曲线进行讨论。可以看出，导热系数和热扩散系数与密度和纵波波速之间均呈正相关，密度越小意味着导热性能越差，纵波波速越低同样意味着导热性能越弱。密度和纵波波速均可反应花岗岩材料的致密性，在花岗岩矿物结构由致密转变为疏松的过程中，矿物颗粒之间的连接性降低，导致热量传递受阻，热流在固体矿物颗粒间的传播速度减弱。在相

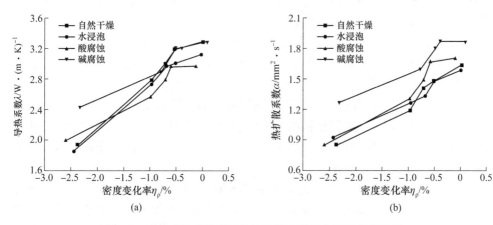

图 2-12　热化改性花岗岩试件热物理参数与密度变化率关系

（a）导热系数；（b）热扩散系数

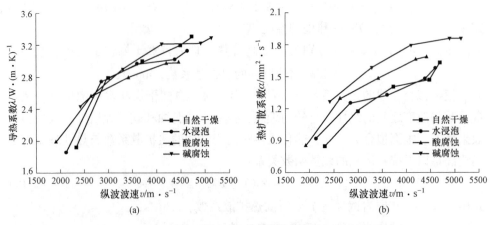

图 2-13   热化改性花岗岩试件热物理参数与纵波波速关系
（a）导热系数；（b）热扩散系数

同密度或纵波波速下，热化改性前后花岗岩试件的热物理参数较为接近，因此可以通过测量花岗岩的密度或纵波波速对其导热性能的变化进行大致地判别和预测。

2.4   本 章 小 结

本章通过称重、尺寸测量、超声波检测和热常数分析等手段，对热化改性花岗岩试件的质量、体积、密度、纵波波速、导热系数和热扩散系数等参数进行了计算和测定，获得了物理参数和导热性能随热处理温度的演化规律，分别建立了纵波波速和热物理参数与温度之间的定量分析模型，讨论了热物理参数与密度和纵波波速之间的关联性。主要结论如下：

（1）热化改性花岗岩的体积随热处理温度的升高而增大，质量和密度随温度的升高而降低，其中自然干燥、水浸泡和酸腐蚀试件的密度较为接近，而碱腐蚀试件密度高于其他试件。

（2）热化改性花岗岩的纵波波速随温度的升高近似呈线性下降，相同热处理温度下，纵波波速从高到低依次为碱腐蚀>自然干燥>水浸泡>酸腐蚀；热化改性花岗岩的孔隙结构变化对 150~450℃ 范围内的温度更为敏感，而固体颗粒骨架对 450℃ 以上温度更为敏感。

（3）热化改性花岗岩的导热系数和热扩散系数与温度之间分别呈指数下降和线性下降关系；化学改性对花岗岩导热性能的影响程度弱于高温水冷作用，其中碱腐蚀可以在一定程度上提高花岗岩的导热性能，酸腐蚀和水浸泡均会引起导热性能的进一步劣化。

(4) 相同热处理温度下（600℃除外），导热系数由高到低依次为碱腐蚀>自然干燥>水浸泡>酸腐蚀，热扩散系数从大到小依次为碱腐蚀>水浸泡>自然干燥>酸腐蚀；热物理参数分别与密度和纵波波速呈正相关，密度的减小和纵波波速的下降均意味着导热性能的降低，可通过测量密度或纵波波速对导热性能的变化进行大致地判别和预测。

3 热化改性花岗岩微细观结构表征及损伤劣化机理

花岗岩是由多种矿物颗粒致密胶结而成的脆性材料,矿物成分和微细观结构的不同是引起宏观力学性能差异的内在机制。矿物成分和微细观结构共同决定了花岗岩材料的宏观物理性质(密度、纵波波速、导热系数等)、渗流性质(孔隙率、渗透率)、变形性质(弹性模量、泊松比等)、强度性质(内聚力、内摩擦角等)和破裂性质(如脆性、延性)等,其中矿物颗粒间的微细观结构还影响着应力、变形、温度和流体介质等在岩石材料中的传递,包括孔隙和孔喉的几何形态、大小、孔径分布及其连通性等。因此,本章综合采用 SEM 观察、XRD 衍射分析、NMR 无损检测和 CT 三维扫描等微细观研究手段,对热化改性花岗岩试样的矿物成分和微细观结构进行研究,分析高温和化学改性作用对花岗岩矿物成分的改变及其物理化学反应过程,获取微细观结构随温度的演化规律和在不同溶液浸泡作用下的差异性,探究三维孔隙结构在试件内部的空间分布,从微细观的角度揭示热化改性花岗岩的孔隙结构演变过程、损伤演化机理和强度劣化机制。

3.1 热化改性花岗岩微观形貌及反应机理

3.1.1 扫描电镜及能谱分析实验

高温和化学改性作用会引起花岗岩微观结构的改变,而微观结构的变化是导致花岗岩宏观力学性质和破裂形式发生改变的内在原因。通过扫描电镜获取花岗岩试样的微观形貌、缺陷形态和孔隙结构特征,利用 X 射线能谱分析技术(EDS)对孔隙周围矿物元素含量的变化进行测定,从微观尺度揭示花岗岩宏观力学性质劣化的机理。从第 2 章的分析可知,高温花岗岩的物理性质在 600℃ 时会发生质变,因此以 600℃ 高温作用后的化学改性花岗岩试件为观察对象,包括 25℃ 常温试件和 600℃ 热处理试件,以及 600℃ 热处理后分别经过水浸泡、10% HCl 溶液浸泡和 10% NaOH 溶液浸泡的化学改性试件,浸泡周期均为 48 天。分别从各个试件表面取片状试样进行喷金处理,制作成电镜扫描样品,然后采用场发射扫描电子显微镜对热化改性花岗岩样品进行面扫分析,拍摄得到的不同倍数下花岗岩微观结构图像与能谱分析结果分别如图 3-1~图 3-5 所示。EDS 可以定性、半定量地确定样品中的大部分元素，在图中显示的质量分数和原子分数的单位均为"%"。

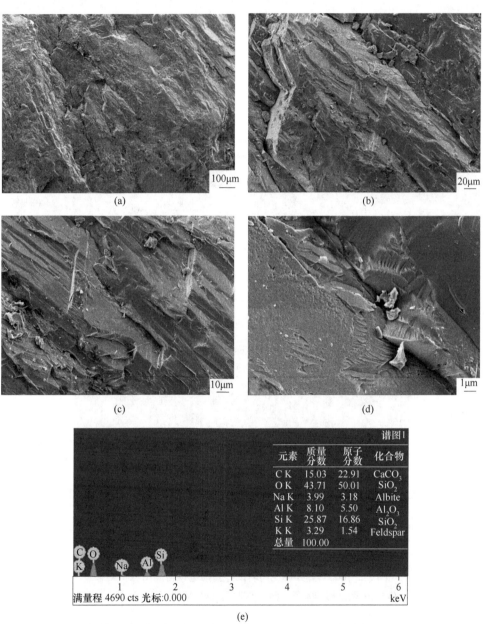

图 3-1　常温花岗岩试样扫描电镜与能谱分析结果

（a）50 倍；（b）300 倍；（c）1000 倍；（d）5000 倍；（e）EDS 谱图

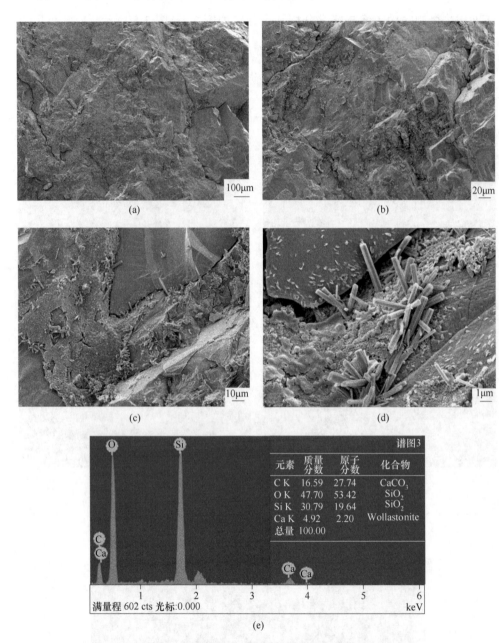

图 3-2 600℃热处理花岗岩试样扫描电镜与能谱分析结果

(a) 50 倍；(b) 200 倍；(c) 1000 倍；(d) 5000 倍；(e) EDS 谱图

观察图 3-1 可以发现，未经高温处理和化学溶液浸泡的常温花岗岩试样表面结构致密，矿物晶体间紧密接触，胶结面完整；石英与长石断裂区域晶体表面有少量碎屑颗粒分布；断面节理清晰，断口特征明显且棱角分明，无明显的次生孔

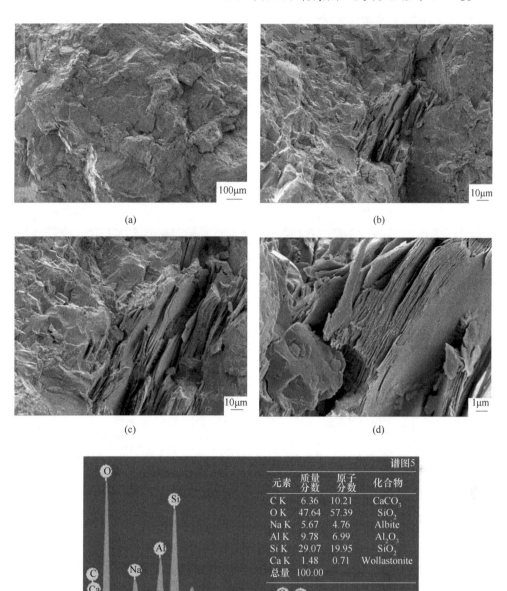

图 3-3 600℃热处理花岗岩试样水浸泡后扫描电镜与能谱分析结果
(a) 50 倍；(b) 500 倍；(c) 1000 倍；(d) 5000 倍；(e) EDS 谱图

隙和微裂纹；EDS 能谱分析显示常温状态花岗岩的主要成分为石英、钙长石和钠
长石等矿物，石英和长石颗粒强度大、脆性程度高，是引起花岗岩产生脆性断裂

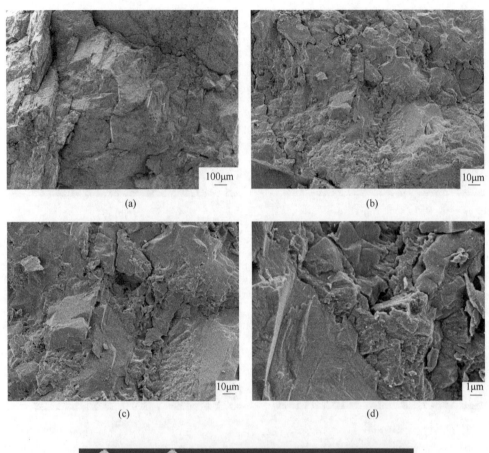

(a)

(b)

(c)

(d)

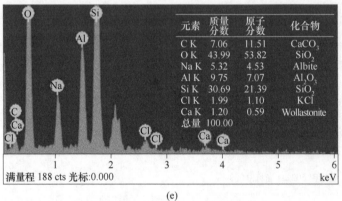

元素	质量分数	原子分数	化合物
C K	7.06	11.51	CaCO₃
O K	43.99	53.82	SiO₂
Na K	5.32	4.53	Albite
Al K	9.75	7.07	Al₂O₃
Si K	30.69	21.39	SiO₂
Cl K	1.99	1.10	KCl
Ca K	1.20	0.59	Wollastonite
总量	100.00		

满量程 188 cts 光标:0.000

(e)

图 3-4　600℃热处理花岗岩试样酸腐蚀后扫描电镜与能谱分析结果

（a）50 倍；（b）500 倍；（c）1000 倍；（d）5000 倍；（e）EDS 谱图

的主要原因；云母和胶结面处矿物颗粒强度相对较低，容易成为微裂纹的起裂位置。

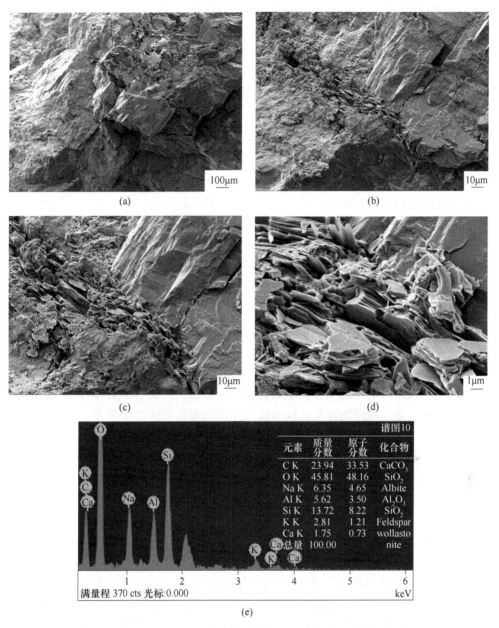

图 3-5 600℃热处理花岗岩试样碱腐蚀后扫描电镜与能谱分析结果
(a) 50 倍；(b) 500 倍；(c) 1000 倍；(d) 5000 倍；(e) EDS 谱图

分析图 3-2 中的扫描电镜与能谱分析结果可知，对于 600℃高温水冷处理后的花岗岩试样，部分矿物出现氧化分解，石英发生相变，导致花岗岩表面结构变得疏松；高温遇水冷却产生的热应力，使试样表面出现晶间裂纹和穿晶裂纹；放大 1000 倍后可以发现晶体表面附着有大量苔藓状和针状的反应产物，根据 EDS 分析结果，认为苔藓状结构可能为钾长石和钠长石的蚀变产物，而少量的针状结构产物为氧化钙和石英在高温环境下煅烧熔融生成的硅灰石（Wollastonite，$CaSiO_3$）。

从图 3-3 可以看出，蒸馏水浸泡后的 600℃ 热处理花岗岩试样，其微观形貌相较于浸泡前出现进一步的变化。其中长石类矿物及其蚀变产物在水中溶解并发生水化反应，生成具有层状构造的含水铝硅酸盐矿物，在溶液中扩散至裂隙中空隙区域并发生沉淀，放大 1000 倍后，可以清晰看到长石沿解理形成的扁平缝隙，以及呈书页状的高岭石（Kaolinite，$Al_2Si_2O_5(OH)_4$）等次生矿物；黏土矿物以孔隙充填的形式存在于粒间空隙，由于晶间结构比较疏松，在流体的冲刷下次生矿物容易随流体移动而迁出。

观察图 3-4 可以发现，HCl 溶液浸泡后的 600℃ 热处理花岗岩试样，表面形貌出现明显的腐蚀痕迹，不同颗粒间的紧密结构变得更加松散和破碎，完整的胶结面被腐蚀，出现大量的次生孔隙和松散颗粒，而碎屑颗粒胶结作用的减弱是导致花岗岩强度降低的主要原因之一。云母及部分黏土类矿物被 HCl 溶液腐蚀溶解，次生溶蚀孔隙发育明显，局部出现较大孔洞，试样的比表面积增大，与溶液接触面积增加，加快了矿物与 HCl 溶液之间的化学反应速率，遇水或受外力作用时，极易整体结构弱化，导致矿物颗粒崩解。

通过观察图 3-5 中 NaOH 溶液浸泡后的 600℃ 热处理花岗岩试样，发现在裂隙间发生了强烈的溶蚀现象，裂隙处有大量的腐蚀产物聚集，高岭石等次生矿物由书页状变成更为破碎的片状；次生孔隙和微裂隙被腐蚀产物填充，因此并未观察到明显的溶蚀孔隙；EDS 能谱分析结果显示，Si 元素含量明显降低，质量分数仅为 13.72%，而其他试样的 Si 元素占比均在 30% 左右，说明 NaOH 溶液对石英的溶蚀效果相对来说更为显著；碱性环境下，氧化钙 CaO 更易与水发生反应生成氢氧化钙 $Ca(OH)_2$，之后与空气中的 CO_2 接触变为碳酸钙 $CaCO_3$，即白色粉末状固体沉淀；由于花岗岩的吸附作用，经 NaOH 溶液浸泡后的样品中 Na 元素含量有一定程度的上升。

综上所述，常温花岗岩试样表面结构致密，矿物晶体形状、解理形状清晰，棱角分明，断口特征明显，颗粒间具有广泛的胶结面，无明显的次生孔隙和微裂纹；经过 600℃ 高温水冷处理后的花岗岩试样，其表面结构较为疏松，在热应力的作用下形成晶间裂纹和穿晶裂纹，同时表面附着有大量苔藓状和针状的蚀变产物；经过蒸馏水浸泡 48 天的 600℃ 热处理花岗岩试样，长石类矿物及其蚀变产物在水中溶解并发生水化反应，生成具有层状构造的含水铝硅酸盐矿物，以孔隙充填的形式存在于粒间空隙，次生孔隙发育不明显；在 HCl 溶液中浸泡 48 天的 600℃ 热处理花岗岩试样，表面腐蚀痕迹显著，矿物结构更加松散和破碎，完整的胶结面被溶蚀，具有发育明显的次生溶蚀孔隙，局部出现较大孔洞；在 NaOH

溶液中浸泡48天的600℃热处理花岗岩试样，大量更为破碎的片状腐蚀产物聚集和填充在粒间裂隙处，石英的含量显著降低，且不具有明显的溶蚀孔隙。

3.1.2 矿物成分及化学反应机理

综合分析EDS能谱和XRD衍射图谱，分析花岗岩试样在高温和化学改性作用后的物质变化，有助于分析其物理化学反应过程和揭示化学改性对高温花岗岩试样的损伤机理。热化改性前后花岗岩试样的XRD衍射图谱如图3-6所示。通过分析衍射峰的变化可知，600℃热处理及化学改性作用对花岗岩试样矿物成分占比的改变并不明显，各类矿物的衍射信息未出现明显变化，说明花岗岩试样主要矿物成分的化学性质在实验条件下较为稳定，改变较大的是衍射峰强度和半高宽（FWHM）。衍射峰强度可以反映晶体的结晶度，峰强度越大，说明晶体发育越好，结晶度越高；FWHM表征的是晶体的晶粒大小，晶粒越小，宽化越严重，反之晶粒越大，衍射峰越尖锐。选取图3-6中虚线圈定的特征峰进行研究，用以分析不同矿物成分在高温及化学改性作用下的变化，衍射峰参数见表3-1。

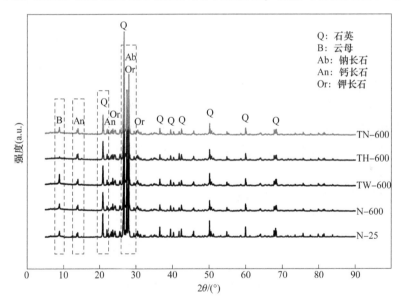

图3-6 热化改性花岗岩样品XRD衍射图谱

表3-1 热化改性花岗岩样品XRD衍射峰参数

试件编号	石英		钠长石		钙长石		钾长石		黑云母	
	峰强度	半高宽	峰强度	半高宽	峰强度	半高宽	峰强度	半高宽	峰强度	半高宽
N-25	4773	0.15	12598	0.19	967	0.21	11298	0.16	953	0.23
N-600	2827	0.15	8394	0.18	716	0.13	6135	0.16	812	0.23

试件	石英		钠长石		钙长石		钾长石		黑云母	
编号	峰强度	半高宽	峰强度	半高宽	峰强度	半高宽	峰强度	半高宽	峰强度	半高宽
TW-600	3020	0.14	10819	0.17	831	0.12	6759	0.14	1463	0.19
TH-600	2841	0.15	9522	0.18	811	0.12	10810	0.14	238	0.19
TN-600	3240	0.15	9438	0.18	759	0.14	6756	0.15	839	0.19

600℃高温处理后花岗岩试样中石英、钠长石和钾长石的衍射峰强度均出现明显的下降，意味着矿物结晶度降低，晶体结构变得松散，导致花岗岩在宏观力学性质上表现为脆性减弱而延性增强；高温后蒸馏水浸泡在一定程度上反而增加了矿物的结晶度，峰强度均略高于600℃高温热处理后的未浸泡试样，说明水浸泡有助于增强热损伤花岗岩矿物颗粒间的胶结作用；与水浸泡相比，高温后酸腐蚀试样矿物的衍射峰强度出现明显的降低，碱腐蚀次之，说明酸碱腐蚀会进一步降低高温花岗岩矿物的结晶度。除钙长石外，其他矿物特征峰的FWHM几乎没有变化。600℃高温导致钙长石晶体有更大程度地析出，结晶更完好，晶粒尺寸变大，例如，EDS能谱识别到的硅灰石便是钙长石形成的中间产物。

根据EDS能谱和XRD衍射分析结果，结合相关文献可知，对于经过高温及化学改性作用后的花岗岩试样，其原有的长石类矿物会分解为如高岭石、伊利石、蒙脱石等黏土类矿物。在高温热处理、中性蒸馏水溶液浸泡、酸性溶液浸泡和碱性溶液浸泡等不同环境下，花岗岩中的石英、钠长石、钾长石、钙长石等主要矿物，以及其他含量相对较低的氧化物、碳酸盐矿物、云母等，将分别可能发生如下化学反应。

(1) 高温及中性蒸馏水溶液浸泡。

碳酸盐（如白云石）高温分解：

$$CaMg(CO_3)_2 = CaO + MgO + 2CO_2\uparrow（高温） \tag{3-1}$$

氧化物溶解：

$$CaO + H_2O = Ca(OH)_2 \tag{3-2}$$

$$MgO + H_2O = Mg(OH)_2\downarrow \tag{3-3}$$

$$K_2O + H_2O = 2K^+ + 2OH^- \tag{3-4}$$

长石矿物（钠长石、钾长石、钙长石）溶解：

$$2NaAlSi_3O_8 + 11H_2O = 2Na^+ + 2OH^- + Al_2Si_2O_5(OH)_4 + 4H_4SiO_4 \tag{3-5}$$

$$2KAlSi_3O_8 + 11H_2O = 2K^+ + 2OH^- + Al_2Si_2O_5(OH)_4 + 4H_4SiO_4 \tag{3-6}$$

$$CaAl_2Si_2O_8 + 3H_2O = Ca^{2+} + 2OH^- + Al_2Si_2O_5(OH)_4 \tag{3-7}$$

云母（黑云母、白云母）溶解：

$$2KFeMg_2(AlSi_3O_{10})(OH)_2 + 15H_2O === 2K^+ + 2OH^- +$$

$$Al_2Si_2O_5(OH)_4 + 4H_4SiO_4 + 2Fe(OH)_2\downarrow + 4Mg(OH)_2\downarrow \quad (3-8)$$

$$2K(Al_3Si_3O_{10})(OH)_2 + 15H_2O === 2K^+ + 2OH^- +$$

$$Al_2Si_2O_5(OH)_4 + 4H_4SiO_4 + 4Al(OH)_3\downarrow \quad (3-9)$$

（2）酸性溶液浸泡。

氧化物及碳酸盐溶解：

$$SiO_2 + 4H^+ === Si^{4+} + 2H_2O \quad (3-10)$$

$$CaO + 2H^+ === Ca^{2+} + H_2O \quad (3-11)$$

$$K_2O + 2H^+ === 2K^+ + H_2O \quad (3-12)$$

$$Fe_2O_3 + 6H^+ === 2Fe^{3+} + 3H_2O \quad (3-13)$$

$$CaCO_3 + 2H^+ === Ca^{2+} + H_2O + CO_2\uparrow \quad (3-14)$$

长石矿物（钠长石、钾长石、钙长石）溶解：

$$2NaAlSi_3O_8 + 2H^+ + 9H_2O === 2Na^+ + Al_2Si_2O_5(OH)_4 + 4H_4SiO_4 \quad (3-15)$$

$$2KAlSi_3O_8 + 2H^+ + 9H_2O === 2K^+ + Al_2Si_2O_5(OH)_4 + 4H_4SiO_4 \quad (3-16)$$

$$CaAl_2Si_2O_8 + 2H^+ + H_2O === Ca^{2+} + Al_2Si_2O_5(OH)_4 \quad (3-17)$$

云母（黑云母、白云母）溶解：

$$KFeMg_2(AlSi_3O_{10})(OH)_2 + 10H^+ ===$$

$$Al^{3+} + K^+ + Fe^{2+} + 2Mg^{2+} + 3H_4SiO_4(aq.) \quad (3-18)$$

$$KAl_3Si_3O_{10}(OH)_2 + 10H^+ === 3Al^{3+} + K^+ + 3H_4SiO_4 \quad (3-19)$$

黏土矿物（如高岭石）溶解：

$$Al_2Si_2O_5(OH)_4 + 6H^+ === 2Al^{3+} + 2H_4SiO_4 + H_2O \quad (3-20)$$

（3）碱性溶液浸泡。

氧化物溶解：

$$SiO_2 + 2OH^- === SiO_3^{2-} + H_2O \quad (3-21)$$

$$CaO + H_2O + CO_2 === CaCO_3\downarrow + H_2O \quad (3-22)$$

长石矿物（钠长石、钾长石、钙长石）溶解：

$$NaAlSi_3O_8 + 6OH^- + 2H_2O === Na^+ + 3H_2SiO_4^{2-} + Al(OH)_4^- \quad (3-23)$$

$$KAlSi_3O_8 + 6OH^- + 2H_2O === K^+ + 3H_2SiO_4^{2-} + Al(OH)_4^- \quad (3-24)$$

$$CaAl_2Si_2O_8 + 4OH^- + 4H_2O === Ca^{2+} + 2H_2SiO_4^{2-} + 2Al(OH)_4^- \quad (3-25)$$

云母（黑云母、白云母）溶解：

$$KAl_3Si_3O_{10}(OH)_2 + 8OH^- + H_2O === K^+ + 3SiO_3^{2-} + 3Al(OH)_4^- \quad (3-26)$$

$$KFeMg_2(AlSi_3O_{10})(OH)_2 + 5OH^- + 4H_2O ===$$

$$K^+ + 3H_2SiO_4^{2-} + Al(OH)_3\downarrow + Fe(OH)_2\downarrow + 2Mg(OH)_2\downarrow \quad (3-27)$$

黏土矿物（如高岭石）溶解：

$$Al_2Si_2O_5(OH)_4 + 6OH^- + H_2O \Longrightarrow 2Al(OH)_4^- + 2H_2SiO_4^{2-} \quad (3-28)$$

结合热处理花岗岩物化性质阶段性变化过程可知，在 300℃ 以内，花岗岩主要以层间水和吸附水的逸出为主，在水分逸出时，并不会引起矿物晶格的破坏；在 300~600℃ 范围内，结构水和结晶水开始逃逸，由于结构水和结晶水占据晶格位置，所以在脱水后晶格将产生破坏，同时伴有少量部分矿物的氧化分解反应；在 450~600℃ 温度区间，高岭石、云母和橄榄石等开始分解，白云石、菱铁矿、磁铁矿和黄铁矿等矿物成分开始氧化，石英也在 573℃ 左右发生相变，晶体结构变化明显。

综上所述，在高温作用下，花岗岩试件中的长石、白云石（$CaMg(CO_3)_2$）、云母等矿物成分发生氧化分解，生成 CaO、MgO、Fe_2O_3 和 K_2O 等氧化物，而石英则会在 573℃ 左右由 α 相转变为 β 相。在不同溶液的长期浸泡作用下，氧化产物、长石和云母等还将发生不同程度的溶解。具体而言，矿物在中性蒸馏水中可溶性较差，与水发生反应后生成的产物以高岭石（$Al_2Si_2O_5(OH)_4$）为主；矿物在酸性的 10% HCl 溶液中溶解度较高，各类矿物与 H^+ 离子反应后溶解在溶液中，例如云母分解生成的氧化铁（Fe_2O_3）溶解后释放出的 Fe^{3+} 导致 HCl 溶液和试件变黄；矿物在碱性的 10% NaOH 溶液中溶解性一般，部分酸性氧化物与 OH^- 离子发生中和反应生成盐和水，金属阳离子与 OH^- 离子结合生成氢氧化物，因此更容易形成固体沉淀填充孔隙。

3.2 热化改性花岗岩孔隙结构演化规律

3.2.1 核磁共振实验

核磁共振实验可以通过测定多孔介质中的水或其他流体的质子的弛豫特性，获得液体在多孔介质内部的数量和分布状态，进而获取岩石样品的孔隙结构变化特征。根据其原理可知，核磁共振主要是由原子核的自旋运动引起，原子核可以通过非辐射的方式从高能态转变为低能态，这种从某一个状态逐渐恢复到平衡态的过程称为弛豫，其所需的时间叫弛豫时间。弛豫时间可分为 T_1 和 T_2 两种，T_1 为自旋-点阵或纵向弛豫时间，T_2 为自旋-自旋或横向弛豫时间。岩石等多孔介质的核磁共振研究是在饱水状态下使用 CPMG 脉冲序列来测量横向弛豫时间 T_2。多孔介质中流体的 T_2 时间可以表示为

$$\frac{1}{T_2} = \frac{1}{T_{2b}} + \frac{1}{T_{2s}} + \frac{1}{T_{2d}} \quad (3-29)$$

式中　T_{2b}——自由状态流体的横向弛豫时间；

　　　T_{2s}——表面弛豫引起的流体横向弛豫时间；

　　　T_{2d}——梯度磁场下扩散弛豫引起的流体横向弛豫时间。

通过分析 T_2 谱的变化，可以用来反映岩石内部孔隙数量和孔隙尺寸分布情况。对于高温处理后的花岗岩试件，利用真空加压饱水装置抽真空后负压饱水24 h 后开展核磁共振试验；对于化学溶液浸泡 48 天后的试件，本身已处于饱和状态，因此在取出后可直接开展核磁共振试验。核磁共振试验设备为苏州纽迈公司生产的 MesoMR 岩心核磁共振成像分析仪，磁场强度（0.5±0.08）T，仪器主频率 21.3MHz，探头线圈直径 60mm，如图 3-7 所示。通过该设备测定热化改性前后花岗岩试件的孔隙率 P、横向弛豫时间 T_2 谱及孔径分布的变化规律。

图 3-7　MesoMR 岩心核磁共振分析仪

3.2.2　孔隙率随温度演化规律

孔隙率是影响岩体介质内流体传输性能的重要参数之一，热化改性花岗岩试件的孔隙率随热处理温度的变化如图 3-8 所示。常温未改性花岗岩试件的孔隙率仅有 0.55%，具有很强的致密性，流体很难进入花岗岩内部。随着热处理温度的升高，花岗岩试件的孔隙率增长速率逐渐加快，孔隙率与热处理温度之间呈非线性正相关。在 150℃以内，热处理花岗岩试件的孔隙率与常温试件基本一致；超过 300℃以后，孔隙率增长速率加快，说明该温度水平及以上的热损伤对花岗岩试件内部孔隙结构的影响更加显著。因此，在选取的试验温度水平下，认为300℃是热化改性花岗岩试件孔隙率发生转变的阈值温度，同时也是花岗岩孔隙结构发生物理性质变化的门槛值。

对比不同化学改性条件下花岗岩试件的孔隙率测定结果，在相同热处理温度下，孔隙率从大到小依次为酸腐蚀＞水浸泡＞自然干燥＞碱腐蚀；在 25～300℃范围内，水浸泡和碱腐蚀试件的孔隙率与自然干燥试件较为接近；在 300℃高温热处理之后，水浸泡试件的孔隙率开始略高于未浸泡的自然干燥试件，溶液的溶蚀

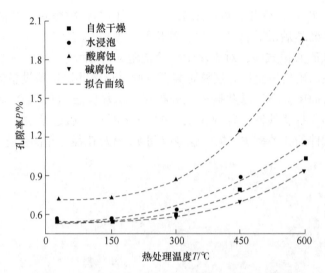

图 3-8　热化改性花岗岩试件孔隙率随温度变化规律

作用逐渐增强；由于受到碱腐蚀产物的填充，碱腐蚀试件的孔隙率始终略低于自然干燥试件。酸腐蚀试件的孔隙率增长幅度最为明显，600℃时的孔隙率约为常温25℃时的2.74倍，约为600℃热处理后未浸泡试件的1.91倍。因此，通过注入酸性刺激剂可以有效提升高温花岗岩的孔隙率，增大换热面积。

通过数据拟合，可以发现孔隙率与热处理温度之间近似呈幂函数关系，拟合系数 R^2 均大于 0.99，拟合关系式分别如下：

$$P_{\mathrm{T}} = 0.539 + 1.782 \times 10^{-8} T^{2.680}, \quad R^2 = 0.992 \tag{3-30}$$

$$P_{\mathrm{TW}} = 0.544 + 1.921 \times 10^{-7} T^{2.344}, \quad R^2 = 0.993 \tag{3-31}$$

$$P_{\mathrm{TH}} = 0.713 + 6.161 \times 10^{-9} T^{2.991}, \quad R^2 = 0.999 \tag{3-32}$$

$$P_{\mathrm{TN}} = 0.547 + 1.153 \times 10^{-10} T^{3.435}, \quad R^2 = 0.999 \tag{3-33}$$

式中　　　　　　　　T——热处理温度，℃；

P_{T}，P_{TW}，P_{TH}，P_{TN}——分别为 T ℃高温热处理后自然干燥、水浸泡、酸腐蚀和碱腐蚀试件的孔隙率，%。

3.2.3　孔隙率与纵波波速关联性分析

根据 Wyllie 时间平均方程和 Raymer-Hunt-Gardner 模型可知，花岗岩的纵波波速主要与试件内部的颗粒骨架和孔隙结构有关。Wyllie 时间平均方程和 Raymer-Hunt-Gardner 模型表达式分别如下。

Wyllie 时间平均方程：

$$\frac{1}{v} = \frac{P}{v_{\mathrm{n}}} + \frac{1-P}{v_0} \tag{3-34}$$

Raymer-Hunt-Gardner 模型：

$$v = (1 - P)^2 v_0 + P \cdot v_n \tag{3-35}$$

式中　　v_0，v_n ——分别为纵波在岩石内颗粒骨架和孔隙中的传播速度，m/s。

试验得到的热化改性花岗岩孔隙率与纵波波速关系如图 3-9 所示。可以看出，孔隙率与纵波波速密切相关，且纵波波速随孔隙率的增大呈非线性递减关系，因此可以通过测量花岗岩纵波波速的变化估算其孔隙率的演变。根据前文得到的纵波波速与密度关系可知，热化改性花岗岩试件的孔隙结构变化对 150～450℃范围内的温度更为敏感。由孔隙率与纵波波速关系可以进一步发现，在450℃以上的温度，较小的孔隙率变化即可引起明显的纵波波速下降，450℃之后曲线斜率逐渐放缓，相同的孔隙率增加区间内波速下降幅度减小，此时波速的下降由岩石内颗粒骨架和孔隙结构共同决定，且以颗粒骨架的劣化占主导。

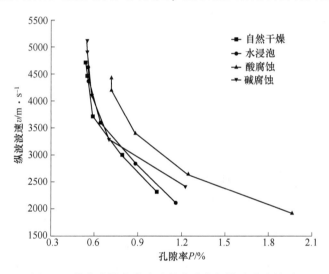

图 3-9　热化改性花岗岩试件孔隙率与纵波波速关系

由前文的机理分析可知，酸溶液与花岗岩之间的化学反应会改变矿成分、颗粒胶结程度和微细观孔隙结构，是引起孔隙率和纵波波速发生变化的本质原因。在相同孔隙率下，酸腐蚀试件的纵波波速最大，其余试件的波速则较为接近。波速可以代表花岗岩内部的损伤程度，而损伤主要包括固体颗粒骨架劣化和孔裂隙结构发育两个方面，当孔隙率相同时，纵波波速更大意味着颗粒骨架的损伤程度相对更低。也就是说，通过注入酸性刺激剂改造地热储层，不仅可以有效提高孔隙率，增大热交换面积，而且在达到相同的孔隙率改造目标时，相较于水热交换或碱性刺激，酸性刺激可以减小对岩体颗粒骨架的损伤，降低局部塌孔和微震风险。

3.2.4　孔隙形态随温度演化规律

研究表明，核磁共振 T_2 谱峰值与孔隙数量呈正相关，峰值越大，相应孔径的孔隙数量越多。T_2 谱峰在弛豫时间轴上的位置与孔隙半径大小成正比，即 T_2 值越大，孔隙半径就越大。通常将花岗岩的孔隙按孔径大小分为微小孔隙（<1μm）、中孔隙（1~10μm）和大孔隙（>10μm），根据弛豫时间与孔径分布的对应关系，将弛豫时间小于 50ms 所对应的孔隙视为微小孔隙，弛豫时间在 50~500ms 之间的孔隙视为中等孔隙，弛豫时间大于 500ms 所对应的孔隙视为大孔隙。通过划分孔径尺寸，有助于从定性和定量的角度对花岗岩的孔隙演化过程进行分析。

各类浸泡环境下热化改性花岗岩试件的 T_2 谱分布随热处理温度变化规律如图 3-10 所示。在相同的化学浸泡条件下，150℃ 与常温状态下的 T_2 谱较为一致，说明 150℃ 的热处理不会引起孔隙出现明显的转化；随着热处理温度的升高，T_2

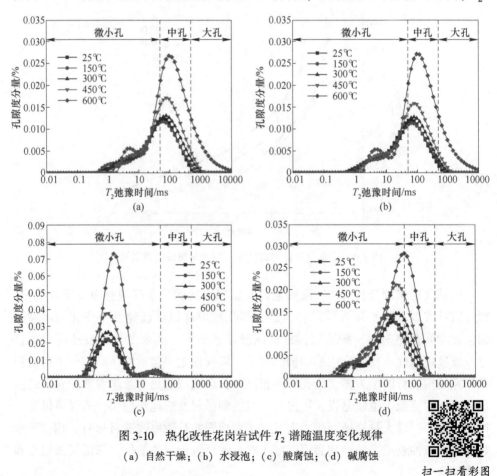

图 3-10　热化改性花岗岩试件 T_2 谱随温度变化规律

（a）自然干燥；（b）水浸泡；（c）酸腐蚀；（d）碱腐蚀

扫一扫看彩图

谱峰值持续变大，代表着孔隙数量的不断增加；随着温度的升高，T_2 谱最大弛豫时间增大，谱峰逐渐向右偏移，意味着孔径尺寸不断向中孔和大孔扩展演变；热处理温度由 300℃ 升高到 600℃ 时，T_2 谱峰值增幅最为明显，最大弛豫时间偏移最大，大孔孔隙数量显著增多，因此，可以把 300℃ 作为试验温度水平下花岗岩产生明显孔隙转变的温度阈值。

各温度水平下热化改性花岗岩试件的 T_2 谱分布随浸泡环境变化的规律如图 3-11 所示。

可以发现，在相同的热处理温度作用下，水浸泡试件的谱峰走势相较于自然干燥试件变化不大，均随着温度的升高由单峰逐渐向双峰形态转变，说明在温度作用下花岗岩的孔径分布变得更加复杂。酸腐蚀对花岗岩试件孔隙结构的影响最大，T_2 谱整体向左产生明显偏移，中孔和大孔被腐蚀产物填充，最终演变成微小孔隙，但峰值增高幅度高达 2 倍以上，说明在孔隙填充过程中还伴随有大量新的微小次生孔隙生成；碱腐蚀试件的 T_2 谱也向左偏移，但最小弛豫时间左移不大，更多的是腐蚀产物的填充作用导致大孔和中孔转变为微小孔隙，但新的微小孔隙生成较少，因此峰值高度并未出现明显上升。

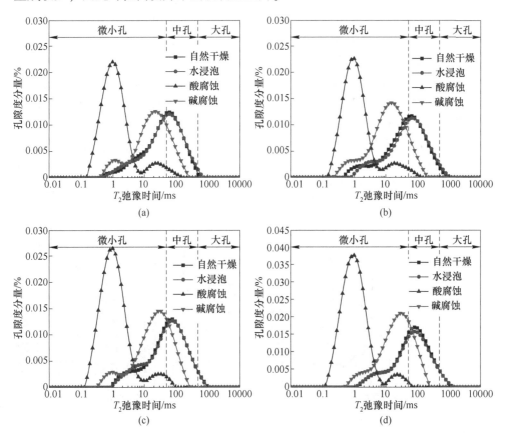

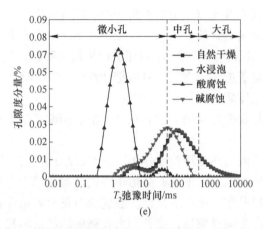

扫一扫看彩图

图 3-11 热化改性花岗岩试件 T_2 谱随浸泡环境变化规律

(a) 25℃；(b) 150℃；(c) 300℃；(d) 450℃；(e) 600℃

核磁共振 T_2 谱峰面积（谱曲线的积分面积）可用来反映相应孔径范围内的孔隙数量和孔隙尺寸分布情况。因此，分别对 $0.01 \sim 50\mathrm{ms}$、$50 \sim 500\mathrm{ms}$ 和 $500 \sim 10000\mathrm{ms}$ 弛豫范围所对应的饱和 T_2 谱曲线进行积分，计算得到的谱面积可分别看作是对应微小孔隙、中孔隙和大孔隙的相对数量，得到不同溶液浸泡环境下的各温度水平孔隙占比演化规律如图 3-12 所示。

从图 3-12 可以看出，对于水浸泡试件而言，各个温度水平下的 T_2 谱与自然干燥试件基本一致，孔隙占比随热处理温度的变化规律也十分相近，说明水浸泡对常温及热损伤花岗岩孔隙转化的影响十分有限；在 450℃ 以内，孔隙以中孔占主导地位，占比接近 80%，随着热处理温度的升高，微小孔占比逐渐减少，大孔占比缓慢增加；600℃ 时大孔占比迅速上升，微小孔的占比极低，中孔占比下降幅度超过 50%，说明在高温作用下更多的中孔转化为了大孔。对于酸腐蚀试件，

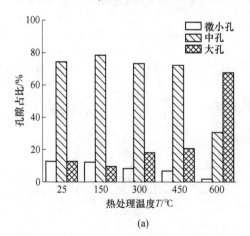

(a)

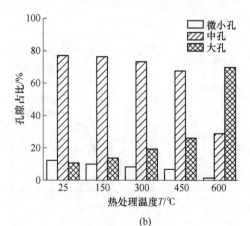

(b)

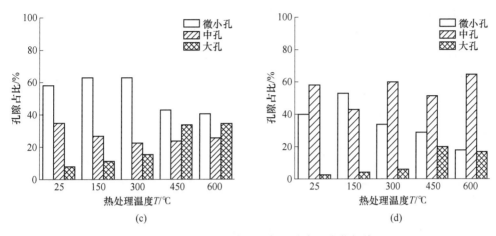

图 3-12 热化改性花岗岩试件孔隙占比变化规律

(a) 自然干燥；(b) 水浸泡；(c) 酸腐蚀；(d) 碱腐蚀

孔隙尺寸始终以微小孔隙占比居多，且中孔占比逐渐降低而大孔占比逐渐上升，说明 10% HCl 溶液对花岗岩的腐蚀作用会生成更多的微小次生孔隙，同时还伴随有更多的中孔受到腐蚀影响而转化为大孔。对于碱腐蚀试件，由于 10% NaOH 溶液对花岗岩的腐蚀作用会生成固体沉淀物，填充了试件内部由热损伤产生的较大孔径孔隙，进而导致大孔转变为中孔，中孔转变为微小孔，因此相较于水浸泡试件，碱腐蚀试件的微小孔占比更多，中孔占比则相对稳定，而大孔占比始终处于一个相对较低的水平。

3.3 热化改性花岗岩孔隙结构分布特征

3.3.1 CT 扫描试验

X 射线计算机断层扫描是一种先进的三维扫描成像技术，具有高分辨率、无损、透视、三维重构等功能优势，能够以微米至纳米级的细节分辨能力对岩石材料内部的三维结构进行跨尺度无损扫描，定量表征岩石内部孔隙、裂缝、孔洞等损伤特征信息，目前已广泛应用于岩土体材料的微细观分析领域。CT 技术的原理是基于 X 射线穿透材料时发生的强度衰减现象，其衰减系数与原子的电子密度和材料的体积密度有关，高序数的原子和高密度的物质对 X 射线的吸收能力更强。因此，不同密度物质对应不同的灰度值，根据灰度值图像的差异即可获得被扫描物体内部的微观结构。

CT 扫描的分辨率与样品大小有着重要的关系，尽可能地减小试样尺寸有助于提高最终扫描图像的分辨率。采用直径为 50mm、高度为 25mm 的圆盘花岗岩试件开展 CT 扫描试验，包括 25℃常温试件（N-25）、600℃热处理后的未浸泡试件（N-600）、水浸泡试件（TW-600）、酸腐蚀试件（TH-600）和碱腐蚀试件（TN-600），如图 3-13 所示。通过 CT 技术对热化改性前后花岗岩试件进行扫描，研究高温和化学改性作用对试件内部微细观结构的影响。试验设备型号为天津三英精密仪器生产的 Nano Voxel-3502E 高分辨率 CT 系统，最高分辨率为 0.5μm，最大扫描尺寸为 300mm，如图 3-14 所示。采用的扫描方式为 CT 螺旋扫描，扫描电压为 160kV，扫描电流为 40mA，扫描分辨率为 37.79μm，单张照片曝光时间 0.3s。每个试样共获得 640 层 1800×1800 像素分辨率的 16 位灰度图像，灰度等级范围在 0～65535 之间。之后将 CT 切片图像导入到三维可视化软件进行重构，生成包含孔隙结构的三维空间模型并做进一步分析。

图 3-13　用以 CT 扫描的热化改性花岗岩圆盘试件
(a) N-25；(b) N-600；(c) TW-600；(d) TH-600；(e) TN-600

3.3.2　孔隙结构三维可视化重构

目前常用的工业 CT 数据分析和可视化软件平台主要有 Image J、MIMICS、VGStudio MAX、Dragonfly 和 Avizo 等，其中，Avizo 三维可视化软件是专门针对地球地质科学和材料科学等领域开发，可以满足 CT 图像伪影去除、滤波降噪、

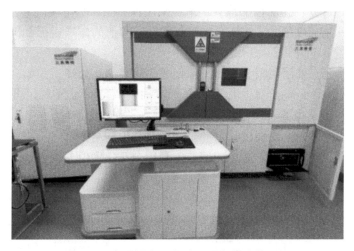

图 3-14 高分辨率 X 射线三维扫描成像系统

阈值分割、孔隙结构提取、三维可视化渲染和孔隙参数定量化分析等需求。

由于射束硬化效应等原因，CT 扫描时在试件切片中心会产生环状伪影，导致中心区域亮度相对较低，在图像识别时容易被误判为孔隙。此外，在 CT 扫描过程中，因受到扫描系统电子元器件扰动等影响而产生噪声信号，使得到的图像包含大量噪点，需要通过滤波进行处理。因此，在三维可视化重构时，首先利用 Avizo 软件去除原始图像中心区域的环状伪影，然后利用中值滤波法对图像进行平滑降噪，之后对处理后的 CT 图像进行阈值分割，识别和提取出图像中的孔隙结构。由于光线等原因导致部分矿物在 CT 图像中的灰度值与微小孔隙相接近，特别是一些孤立孔隙，在阈值分割时容易产生误判，因此通常需要采用组合算法的方式对孔隙结构进行识别。

本书选择采用交互式阈值分割与顶帽变换相结合的方式对孔隙进行划分，首先利用交互式阈值分割方法对图像进行二值化处理。为了能够更加真实地反映花岗岩试件的孔隙结构特征，通过对比上一节中核磁共振试验的孔隙率测定结果，可对分割阈值进行调整获得最佳阈值，使重构的含孔隙花岗岩试件的体积孔隙率与核磁共振试验结果相一致。以实测孔隙率为约束寻求分割阈值 k^* 的计算公式如下：

$$f(k^*) = \min\left\{ f(k) = \left| \phi - \frac{\sum\limits_{i=I_{\min}}^{k} p(i)}{\sum\limits_{i=I_{\min}}^{I_{\max}} p(i)} \right| \right\} \tag{3-36}$$

式中 ϕ ——核磁共振试验实测孔隙率；

　　　　k ——灰度阈值；

I_{max}，I_{min} ——分别为图像的最大、最小灰度值；

$p(i)$ ——灰度值为 i 的体素数，灰度低于阈值的体素表征孔隙，其余代表矿物颗粒。

在此基础上，采用顶帽变换对图像作进一步精细化处理。顶帽变换作为一种形态学变换方法，是基于算法计算相邻像素间的灰度对比值来找出更"黑"或者更"白"的聚集像素，即通过开运算移除孤立体素，或通过闭运算填充细小孔洞，连接邻近体素，识别出孔隙和矿物颗粒，识别结果可以用来弥补或减轻因阈值划分不足或者过度分割造成的偏差。利用交互式阈值分割识别较为明显的孔隙，利用顶帽变换识别微小孔隙，然后通过 OR Image 命令将两者识别结果进行叠加，用以表征切片图像中的孔隙结构，然后生成三维含孔隙花岗岩试件模型，CT 切片图像三维可视化重构流程图及对应的处理效果分别如图 3-15 和图 3-16 所示。

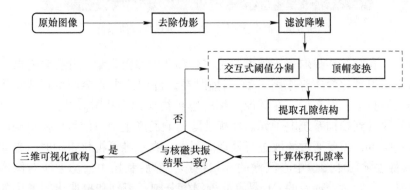

图 3-15 CT 切片图像三维可视化重构流程图

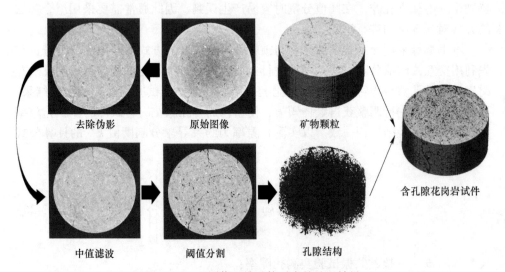

图 3-16 CT 图像三维重构对应的处理效果

本次 CT 试验的扫描精度为 37.79μm，远低于核磁共振试验的精度，因此，与核磁共振试验获得的孔隙分布结果相比，CT 扫描生成的三维孔隙结构分布是一种等效的处理结果，即通过大孔（>37.79μm）等效替代实际分布的微米级和纳米级尺度的微孔隙，使试件的体积孔隙率与核磁共振试验结果相一致。表 3-2 给出了 NMR 实测体积孔隙率与 CT 重构试件体积孔隙率的对比，可见二者结果基本吻合。

表 3-2 热化改性花岗岩试件体积孔隙率实测与重构结果对比

试件编号	试件类型	体积孔隙率/%	
		NMR 实测结果	CT 重构结果
N-25	25℃常温	0.55	0.56
N-600	600℃热处理	1.03	1.06
TW-600	600℃热处理+水浸泡 48 天	1.16	1.18
TH-600	600℃热处理+酸腐蚀 48 天	1.97	2.01
TN-600	600℃热处理+碱腐蚀 48 天	0.95	0.97

依据上述流程对各个试件的 CT 图像进行三维可视化重构，获得的不同热化改性花岗岩试件的三维孔隙结构分布见表 3-3。对比不同试件孔隙结构分布可以发现，自然常温状态下的花岗岩试件十分致密，仅含有少量孤立分布的孔隙，且相互之间连通性很差；在 600℃高温热处理后，试件内部生成的微裂隙使部分孤立分布的孔隙相互连通，在裂隙分布区域形成较小的局部裂隙网络。化学改性对热损伤花岗岩孔隙结构的影响存在差异，酸腐蚀作用有助于增强局部裂隙网络的连通性，而碱腐蚀和水浸泡则对裂隙网络影响轻微。以酸腐蚀试件为例，其连通裂隙与孤立孔隙的结构模型如图 3-17 所示，不同颜色代表不同尺寸的孤立孔隙。可以看出，化学改性作用后的热损伤花岗岩试件依旧以孤立孔隙为主，但在局部可形成连通裂隙。因此，通过酸性刺激剂提高热损伤花岗岩的孔隙率和渗透性是切实可行的。

表 3-3 热化改性花岗岩试件三维孔隙结构分布

编号	孔隙结构	矿物颗粒	三维重构试件
N-25			

编号	孔隙结构	矿物颗粒	三维重构试件
N-600			
TW-600			
TH-600			
TN-600			

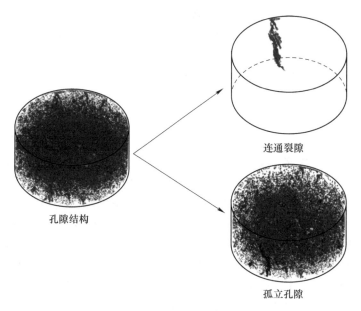

连通裂隙

孔隙结构

孤立孔隙

图 3-17 热处理花岗岩试件酸腐蚀后连通裂隙与孤立孔隙结构模型

3.4 本章小结

本章基于 SEM 试验、XRD 衍射分析、NMR 试验和 CT 扫描试验等微细观研究手段，从矿物成分转变和微细观结构演化的角度，综合分析了高温及化学改性作用对花岗岩矿物成分的改变及其物理化学反应过程，定量表征了孔隙形态随热处理温度的演化规律，三维重构了孔隙结构的空间分布，揭示了热化改性花岗岩的孔隙结构演变过程、损伤演化机理和强度劣化机制。主要结论如下：

（1）常温花岗岩试样微观表面结构致密，矿物晶体间紧密接触，胶结面完整；高温热处理后试样表面结构疏松，附着有大量苔藓状和针状的蚀变产物；水浸泡试样表面黏土矿物和蚀变产物以孔隙充填的形式存在于粒间空隙，次生孔隙发育不明显；酸浸泡试样表面腐蚀痕迹显著，矿物结构松散破碎，完整胶结面被溶蚀，次生溶蚀孔隙发育明显，局部出现较大孔洞；碱浸泡试样在矿物晶体间发生溶蚀，生成的片状蚀变产物聚集和填充在粒间裂隙处，石英含量显著降低。

（2）高温热处理后花岗岩矿物结晶度降低，晶体结构松散，是导致花岗岩在宏观力学性质上出现脆-延性转化的内在原因；蒸馏水浸泡有助于增强热损伤花岗岩矿物颗粒间的胶结作用，酸碱腐蚀则会进一步降低高温花岗岩矿物的结晶度；600℃高温作用使长石、白云石、黑云母等矿物氧化分解，石英发生相变，酸溶液可进一步溶解氧化物和碳酸盐矿物，碱溶液可与酸性氧化物发生中和反应生成盐和水，形成固体沉淀填充孔隙和晶间裂缝。

（3）相同热处理温度下，蒸馏水对热损伤花岗岩的矿物成分和孔隙形态影响较弱，酸腐蚀有助于提高热损伤裂纹的张开度以及促进孔隙形态的进一步扩展，且伴有大量微小孔隙的生成，而碱腐蚀的产物会填充部分热损伤孔隙或微裂隙，导致大孔和中孔转变为微小孔，次生溶蚀孔隙生成较少；反映在孔隙率上表现为，酸腐蚀试件的孔隙率增长幅度最为明显，而碱腐蚀试件的孔隙率始终略低于自然干燥试件。

（4）在试验温度水平下，认为300℃是热化改性花岗岩试件孔隙率发生转变的阈值温度；在450℃以内的温度，较小的孔隙率变化即可引起明显的纵波波速下降，450℃以上曲线斜率逐渐放缓，相同的孔隙率增加区间内波速下降幅度减小，此时波速的下降由岩石内颗粒骨架和孔隙结构共同决定，且以颗粒骨架的劣化占主导；通过注入酸性刺激剂改造地热储层，不仅可以有效提高孔隙率，增大热交换面积，而且相较于水热交换或碱性刺激，在达到相同的孔隙率改造目标时，酸性刺激可以减小对岩体颗粒骨架的损伤，降低局部塌孔和微震风险。

（5）热化改性花岗岩中微裂纹和微孔隙的形成以高温热损伤为主导因素，其次为化学改性作用，其中以酸腐蚀更为显著；常温花岗岩内部结构十分致密，仅含有少量孤立分布的孔隙，且相互之间连通性很差；在600℃高温热处理后，花岗岩试件均出现了由外向内扩展的微裂纹，部分孔隙相互连通，在裂隙分布区域形成较小的局部裂隙网络；酸腐蚀可以有效提高裂隙的张开度，有助于增强局部裂隙网络的连通性，而碱腐蚀和水浸泡则对裂隙网络影响轻微，通过酸性刺激剂提高热损伤花岗岩的孔隙率和渗透性是切实可行的。

4   热化改性花岗岩单轴压缩力学特性研究

对于干热岩开发，通过注入化学刺激溶液可以提高热储层的孔隙度和渗透率，但化学溶液也会对地热井井壁及干热岩地层造成热损伤和化学损伤，特别是在高温催化作用下，容易产生更为严重的力学性能劣化。因此，本章通过对热化改性花岗岩开展单轴压缩力学试验，分析不同温度和不同类型溶液作用后花岗岩试件的力学性能演变特征，基于能量理论、特征应力求解和 AE 技术分析试件破裂期间的能量演化规律和渐进破裂过程，通过建立能量脆性指标对热化改性花岗岩的脆-延性转化行为进行评价，结合声发射时序参数对试件的破裂模式进行讨论，结合上一章的研究结果对宏观力学性能劣化的微细观机理进行解释。

4.1   单轴压缩试验方案

使用如图 4-1 所示的 MTS 815 电液伺服岩石力学试验系统对 4 组花岗岩试件开展单轴压缩试验，辅以美国声学公司生产的 micro Ⅱ 声发射系统对加载期间试样的声发射特征同步进行监测。在试件上下部分共布置 4 颗声发射探头，声发射信号由探头传感器接收，通过声发射仪器预放大、放电和去噪，形成声发射参数（振铃计数、能量计数、幅值、持续时间等）。试验中声发射采样时间为 0.1s，门

图 4-1   MTS 815 电液伺服岩石力学试验系统

槛值为 40dB，可同时满足滤除大部分背景噪声和监测微破裂过程的要求。

单轴压缩试验加载过程如下：

（1）首先对试件进行预加载，保证试验机压头与试样完全接触，加载速率为 0.05kN/s，预压力为 0.5MPa；

（2）预加载结束后，采用应力控制方式对试件施加轴向压力，加载速率保持在 0.25MPa/s，当轴向应力加载至体积应变接近转折点时（即屈服应力点），转换为环向位移控制方式继续加载，加载速率为 0.015mm/min；

（3）当试样破坏后停止加载，确保加载过程满足准静态加载条件。

4.2 热化改性花岗岩强度及变形特征

4.2.1 应力-应变曲线

不同条件热化改性花岗岩的单轴压缩应力-应变曲线和应力-体积应变曲线分别如图 4-2 和图 4-3 所示，应力为轴向应力，应变包括轴向应变、环向应变和体积应变。根据应力-应变曲线和应力-体积应变曲线可将热化改性花岗岩试件的破裂过程划分为 4 个阶段，即初始压密阶段、弹性变形阶段、非稳定破裂发展阶段和峰后破裂阶段。各阶段的变形特征分别如下：

（1）初始压密阶段。初始压密阶段的应力-应变曲线呈下凹型，主要由花岗岩试件内部初始微裂纹或孔洞的闭合压密所引起。由于花岗岩本身较为致密，在 25~150℃温度区间内热损伤尚未形成，此时花岗岩的初始压密阶段几乎可以忽略不计。当温度达到 300℃及以上时，由于热应力的作用、脱水作用和部分矿物成分的氧化分解，花岗岩出现热损伤现象，且随着热处理温度的升高损伤持续增加，初始压密阶段变得越来越明显。

（2）弹性变形阶段。弹性变形阶段可细分为弹性变形和微弹性裂隙稳定发展阶段，该阶段的应力-应变曲线呈线性增加，体积应变持续增大，此时施加的外载荷尚未达到试件的屈服应力，试件以弹性变形和体积压缩为主。随着热处理温度的增加，花岗岩材料强度降低，屈服应力下降，弹性变形阶段逐渐缩短。后文将对弹性模量和泊松比随热处理温度的变化进行详细分析。

（3）非稳定破裂发展阶段。试件在非稳定破裂发展阶段开始出现不可恢复的累进性破坏，应变速率增大，变形由体积压缩转换为扩容，通常将此时体积应变的转折点视为岩石材料的屈服点，对应的轴向应力即为屈服应力。随着热处理温度的增加，花岗岩材料强度降低，屈服应力也相应下降。

（4）峰后破裂阶段。由于采用的是环向位移控制的加载方式，峰后破裂阶段的轴向应变出现了回弹，峰后表现为 Class II 曲线的变形特征。从环向应变和体积应变曲线可以看出，热处理温度越高，峰后变形持续时间越长，其中 600℃热处理花岗岩在峰后近似处于完全塑性流动状态。

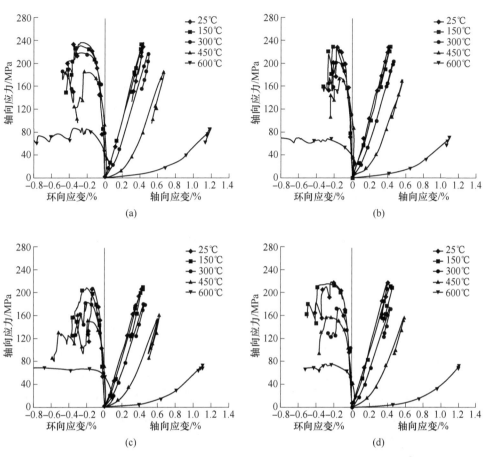

图 4-2 热化改性花岗岩试件单轴压缩应力-应变曲线

（a）自然干燥；（b）水浸泡；（c）酸腐蚀；（d）碱腐蚀

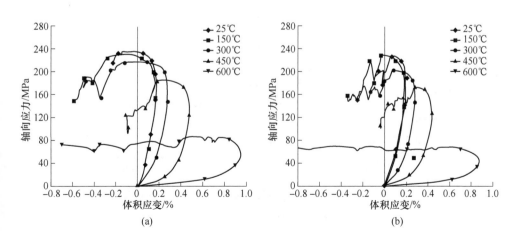

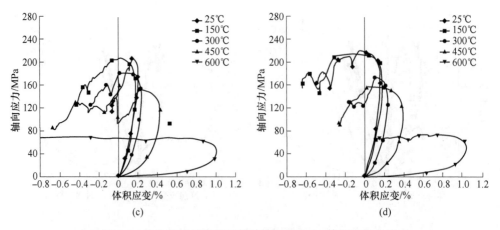

图 4-3 热化改性花岗岩试件单轴压缩应力–体积应变曲线

（a）自然干燥；（b）水浸泡；（c）酸腐蚀；（d）碱腐蚀

4.2.2 峰值特征参数分析

花岗岩试件的峰值特征参数随热损伤温度的变化曲线如图 4-4 所示。随着热处理温度的增加，峰值强度逐渐降低，峰值轴向应变逐渐增大，二者与温度之间分别呈非线性下降和非线性上升的变化趋势。花岗岩属于典型的天然非均质材料，其矿物组分和各类胶结物均具有完全不同的热膨胀率和热弹性性质，在高温状态下遇水冷却便会产生热应力，当热应力超过晶体间的承载强度时，便会在晶间或晶内发生热破裂，使试件整体强度降低。

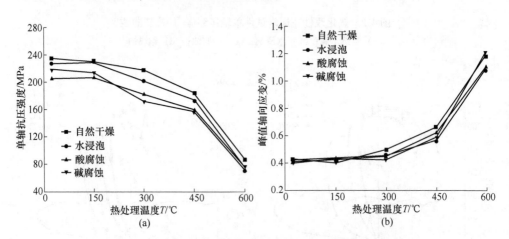

图 4-4 热化改性花岗岩试件峰值特征参数随温度变化规律

（a）单轴抗压强度；（b）峰值轴向应变

在相同浸泡环境下，25℃常温和150℃热处理试件的峰值强度较为接近，在150~450℃温度区间内缓慢下降，在450℃之后下降速度加快；600℃热处理试件的峰值强度仅为常温状态下的三分之一，峰值轴向应变却增大了近3倍。因此，可以认为300℃是花岗岩力学参数出现突变的阈值温度，达到该阈值温度后，花岗岩力学性能开始出现显著劣化。在相同热处理温度下，化学改性花岗岩试件峰值应力和峰值轴向应变均小于自然干燥状态，说明蒸馏水和酸碱溶液均会对热损伤花岗岩的力学性能造成进一步的劣化。

在25~150℃温度区间，峰值强度从高到低依次为自然干燥>水浸泡>碱腐蚀>酸腐蚀；在300℃时，峰值强度的差异性达到最大，此时化学损伤所占的权重相对最高；在450~600℃温度区间，不同溶液浸泡试件的强度逐渐接近，由化学浸泡引起的损伤相互之间的差异性逐渐缩小。分析认为，花岗岩矿物晶粒交界处的胶结物强度和熔点最低，但在高温水冷作用下，交界处的热应力却是最高的，因此热破裂首先从胶结物所在位置开始。胶结物同时也是水岩作用的主要反应物之一，对花岗岩材料力学性能的弱化起到关键作用。在25~150℃温度区间，热损伤程度较低，化学浸泡引起的损伤占主导作用；在300℃时，热损伤程度增加，与化学损伤相互叠加使得不同溶液浸泡试件相互之间的差异性达到最大；当温度达到450℃及以后，高温水冷引起强烈的温差导致胶结物出现热破裂，降低了胶结物与化学溶液之间的水岩作用，化学损伤的影响程度被弱化，热损伤开始占主导地位。

4.2.3 弹性模量及泊松比分析

弹性模量和泊松比可以用来反映花岗岩受力后产生形变的能力，试验得到热化改性花岗岩的弹性模量和泊松比随温度变化规律如图4-5所示。从图4-5（a）可以看出，在从常温25℃增温到150℃时，自然干燥试件的弹性模量略有升高，化学浸泡试件的弹性模量则略有下降；在150~600℃温度区间内，弹性模量均缓慢降低；温度由450℃升高到600℃时，弹性模量降低速率加快。根据XRD分析结果可知，本次试验用花岗岩的主要矿物成分由石英和长石类矿物组成，在25~150℃温度区间内，并不会引起晶体结构的变化，只会导致花岗岩内附着水和结合水的蒸发逃逸；加热引起的热膨胀提高了矿物的密实程度，增加了晶体间的摩擦力和连接能力，因此自然干燥试件的弹性模量有所增大，但提升幅度十分有限，故在化学浸泡作用下表现为不增反降；在150~600℃温度区间，随着热处理温度的增加，热应力效应逐渐显现；由于矿物成分间对温度的敏感性存在差异，在热应力作用下不同矿物晶体的变形程度不同，因此导致晶体间出现热损伤裂纹，降低了晶体间的连接能力，即表现为弹性模量的降低；在温度升高到450℃及以上时，热损伤现象变得更加明显，弹性模量相较于常温状态下降60%以上，弹性变形性能显著降低。在相同热处理温度下，弹性模量从高到低依次为自然干燥>水浸泡>碱腐蚀>酸腐蚀。

从图 4-5（b）可以看出，热化改性花岗岩的泊松比受热处理温度和溶液类型的影响而变得十分复杂，在相同热处理温度下，酸碱腐蚀对泊松比的提升作用强于自然干燥和水浸泡。在 25~300℃ 温度范围内，试件的泊松比受热处理温度影响较小，但整体变化趋势依旧表现为随温度的升高而持续增大。需要说明的是，600℃ 试件计算得到的"泊松比"大于 0.5，已经超出了弹性变形范围，不符合泊松比的定义，此时的"泊松比"计算结果仅具有数学意义。该现象与环向位移加载的控制方式有关，表现为试件轴向应变的保持恒定和环向应变的持续增加。

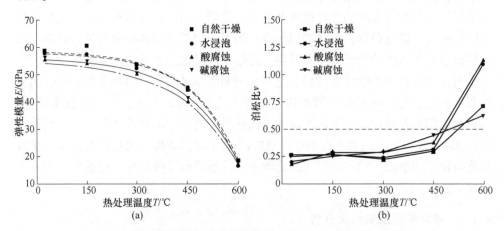

图 4-5　热化改性花岗岩试件弹性模量及泊松比随温度变化规律
(a) 弹性模量；(b) 泊松比

对热处理温度和弹性模量之间的关系进行非线性拟合，得到的拟合关系式分别如下：

$$E_{\mathrm{T}} = 58.86 - 0.598 \mathrm{e}^{\frac{T-25}{136.62}}, \quad R^2 = 0.989 \tag{4-1}$$

$$E_{\mathrm{TW}} = 58.19 - 0.516 \mathrm{e}^{\frac{T-25}{131.00}}, \quad R^2 = 0.997 \tag{4-2}$$

$$E_{\mathrm{TH}} = 55.56 - 1.331 \mathrm{e}^{\frac{T-25}{170.77}}, \quad R^2 = 0.993 \tag{4-3}$$

$$E_{\mathrm{TN}} = 56.84 - 1.022 \mathrm{e}^{\frac{T-25}{158.56}}, \quad R^2 = 0.998 \tag{4-4}$$

式中　　　　　　　　T——热处理温度，℃；

E_{T}，E_{TW}，E_{TH}，E_{TN}——分别为 T℃高温热处理后自然干燥、水浸泡、酸腐蚀和碱腐蚀试件的弹性模量，GPa。

拟合曲线的相关系数 R^2 均大于 0.980，说明拟合效果良好。从拟合公式可以看出，热化改性花岗岩的弹性模量与热处理温度之间满足以下统一形式的指数函数关系：

$$E_{T-C} = E_{25} - A_0 e^{A_T \Delta T}$$ （4-5）

式中 E_{T-C} ——热化改性花岗岩在 T ℃时的弹性模量，GPa；

  E_{25} ——试件在常温 25℃状态下的弹性模量，GPa；

  ΔT —— T ℃与常温 25℃之间的温差，℃；

  A_0 ——拟合系数，GPa；

  A_T ——温度系数，℃$^{-1}$。

4.2.4 延性系数适用性讨论

花岗岩材料在较低初始应力水平下往往呈现出脆性破坏特征，而在高应力水平下表现出逐渐向延性过渡的破坏特征。通常把岩石峰值破坏应变与屈服应变的比值定义为岩石的延性系数 Y，用以反映岩石的脆-延性转化力学行为。在体积应变-轴向应力曲线中取对应于最大体积应变的拐点作为屈服点，其对应的轴向应力和轴向应变即为屈服应力（损伤应力）和屈服应变（可恢复弹性应变）。延性系数 Y 表达式为

$$Y = \frac{\varepsilon_c}{\varepsilon_{cd}}$$ （4-6）

式中 ε_c ——花岗岩试件的峰值破坏应变；

  ε_{cd} ——花岗岩试件的屈服应变。

热化改性花岗岩的延性系数随温度变化规律如图 4-6 所示。可以看出，花岗岩试件的延性系数变化幅度非常小，始终处在 1.2~1.4 范围之间。根据延性系数计算结果可知，热化改性花岗岩的脆-延性转化程度很低，然而这与机理分析

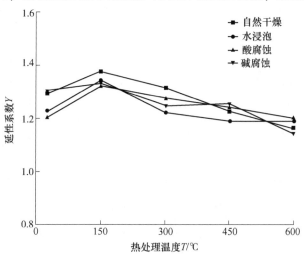

图 4-6 热化改性花岗岩试件延性系数随温度变化规律

结果和应力-应变曲线特征不符。究其原因，由于延性系数的定义是岩石峰值破坏应变与屈服应变的比值，默认在屈服应力前岩石的变形全是由弹性变形引起的。而试验结果表明，热损伤后的花岗岩试件强度劣化十分严重，在屈服点前的变形更多的是由热损伤孔隙的闭合压密占主导，因此单纯通过应变对热化改性花岗岩的脆-延性转化特征进行描述显然是不合适的，延性系数无法有效反映热化改性花岗岩的脆-延性转化力学行为。因此，本书将采用能量脆性指标对热化改性花岗岩的脆-延性转化力学行为进行表征，具体内容在后文中将进行详细分析。不同热化改性花岗岩试件的单轴压缩试验结果见表4-1。

表 4-1 热化改性花岗岩试件单轴压缩试验结果

试件编号	温度/℃	溶液类型	峰值强度/MPa	峰值应变/%	弹性模量/GPa	泊松比	延性系数
N-U0	25	自然干燥	235.48	0.43	58.86	0.26	1.294
N-U1	150		230.47	0.41	60.79	0.27	1.376
N-U2	300		217.07	0.50	53.58	0.22	1.316
N-U3	450		184.44	0.67	44.72	0.30	1.226
N-U4	600		86.70	1.19	18.79	0.71	1.160
TW-U0	25	水浸泡	226.69	0.41	58.19	0.20	1.227
TW-U1	150		228.81	0.43	57.72	0.26	1.346
TW-U2	300		201.49	0.46	52.43	0.23	1.219
TW-U3	450		173.86	0.57	45.61	0.31	1.191
TW-U4	600		70.80	1.10	16.56	1.10	1.188
TH-U0	25	酸腐蚀	205.85	0.43	55.56	0.18	1.199
TH-U1	150		206.74	0.43	54.03	0.28	1.324
TH-U2	300		182.53	0.45	50.46	0.29	1.279
TH-U3	450		159.74	0.63	40.51	0.37	1.242
TH-U4	600		71.75	1.11	16.76	1.13	1.201
TN-U0	25	碱腐蚀	218.42	0.40	56.84	0.26	1.305
TN-U1	150		213.84	0.44	55.14	0.25	1.359
TN-U2	300		172.01	0.43	50.68	0.29	1.246
TN-U3	450		156.95	0.59	41.70	0.44	1.255
TN-U4	600		75.40	1.22	18.51	0.63	1.143

4.3 高温及化学改性系数定量分析模型

4.3.1 改性系数的定义

抗压强度可直接反应岩石材料在无侧束状态下抵抗外力变形和破裂的能力，是岩体最重要的力学性能指标之一。因此，基于单轴抗压强度分别对高温、化学和热化（高温-化学）改性系数进行定义，用以反映岩石或岩体在不同环境介质影响下的强度软化水平。高温改性系数 G_t、化学改性系数 G_{ch} 和热化改性系数 G_{tc} 的表达式分别定义如下：

$$G_t = \frac{\sigma_c^t}{\sigma_{c-25}} \tag{4-7}$$

$$G_{ch} = \frac{\sigma_c^{ch}}{\sigma_c^{dry}} \tag{4-8}$$

$$G_{tc} = \frac{\sigma_c^{tc}}{\sigma_{c-25}^{dry}} \tag{4-9}$$

式中　　σ_c^t ——不同温度热处理后化学改性试件的抗压强度，MPa；

σ_{c-25} ——相同化学改性条件下常温试件的抗压强度，MPa；

σ_c^{ch} ——不同化学改性条件下热处理试件的抗压强度，MPa；

σ_c^{dry} ——相同热处理温度下自然干燥试件的抗压强度，MPa；

σ_c^{tc} ——热化共同改性作用后试件的抗压强度，MPa；

σ_{c-25}^{dry} ——常温状态下自然干燥试件的抗压强度，MPa。

花岗岩试件高温及化学改性系数计算结果见表 4-2。分析可知，热化改性系数 G_{tc} 主要与高温改性系数 G_t 和常温状态试件的化学改性系数 G_{ch-25} 有关，三者之间满足以下函数关系：

$$G_{tc} = G_t \times G_{ch-25} \tag{4-10}$$

表 4-2　热化改性花岗岩试件改性系数计算结果

试件编号	温度/℃	溶液类型	高温改性系数	化学改性系数	热化改性系数
N-U0	25		1	—	1
N-U1	150		0.979	—	0.979
N-U2	300	自然干燥	0.922	—	0.922
N-U3	450		0.783	—	0.783
N-U4	600		0.368	—	0.368

试件编号	温度/℃	溶液类型	高温改性系数	化学改性系数	热化改性系数
TW-U0	25		1	0.963	0.963
TW-U1	150		1.009	0.993	0.972
TW-U2	300	水浸泡	0.889	0.928	0.856
TW-U3	450		0.767	0.943	0.738
TW-U4	600		0.312	0.817	0.301
TH-U0	25		1	0.874	0.874
TH-U1	150		1.004	0.897	0.878
TH-U2	300	酸腐蚀	0.887	0.841	0.775
TH-U3	450		0.776	0.866	0.678
TH-U4	600		0.349	0.828	0.305
TN-U0	25		1	0.928	0.928
TN-U1	150		0.979	0.928	0.908
TN-U2	300	碱腐蚀	0.788	0.792	0.730
TN-U3	450		0.719	0.851	0.667
TN-U4	600		0.345	0.870	0.320

4.3.2 改性系数定量分析模型

花岗岩试件高温改性系数随温度变化规律如图 4-7 所示。在相同化学改性条件下,高温改性系数随热处理温度的升高呈非线性下降,在 25~300℃ 温度区间,

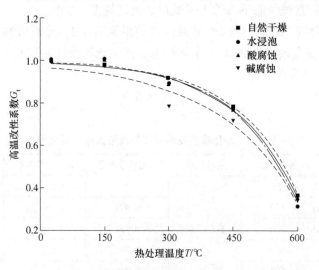

图 4-7 热化改性花岗岩试件高温改性系数随温度变化规律

花岗岩试件的高温改性系数下降较为缓慢，在300℃及以上高温作用下，试件的高温改性系数则快速下降。对于相同温度的热处理试件，自然干燥、酸腐蚀和水浸泡试件的高温改性系数较为接近，而碱腐蚀试件的高温改性系数则相对更小，说明碱腐蚀对初始高温热损伤更为敏感。

对高温改性系数和热处理温度之间的关系进行非线性拟合，得到的拟合关系式分别如下：

$$G_{t-N} = 1 - 0.010e^{\frac{T-25}{139.87}}, \quad R^2 = 0.999 \tag{4-11}$$

$$G_{t-TW} = 1 - 0.012e^{\frac{T-25}{141.07}}, \quad R^2 = 0.993 \tag{4-12}$$

$$G_{t-TH} = 1 - 0.012e^{\frac{T-25}{144.80}}, \quad R^2 = 0.992 \tag{4-13}$$

$$G_{t-TN} = 1 - 0.035e^{\frac{T-25}{195.72}}, \quad R^2 = 0.969 \tag{4-14}$$

式中　G_{t-N}，G_{t-TW}，G_{t-TH}，G_{t-TN}——分别为 T℃高温热处理后自然干燥、水浸泡、酸腐蚀和碱腐蚀试件的高温改性系数。

拟合曲线的相关系数 R^2 均大于 0.96，拟合效果优异。可以看出，高温改性系数 G_t 与热处理温度之间满足以下统一形式的指数函数关系：

$$G_t = 1 - B_0 e^{B_T \Delta T} \tag{4-15}$$

式中　ΔT——T℃与常温25℃之间的温差，℃；

　　　B_0——拟合系数；

　　　B_T——温度系数，℃$^{-1}$。

花岗岩试件化学改性系数随温度变化规律如图 4-8 所示。化学改性系数均小于 1，说明化学改性作用可以使花岗岩试件出现强度软化现象，且随着初始热处

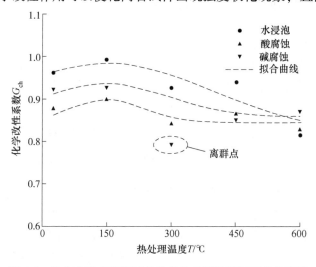

图 4-8　热化改性花岗岩试件化学改性系数随温度变化规律

理温度的升高呈现出一定的波动性。在150℃高温作用后，各类试件的化学改性系数均处于最大值，结合前文的物理特性和机理分析结果可知，热膨胀作用有助于提高矿物的密实程度，且该温度产生的热应力不足以形成热裂纹，因此化学改性作用相对被削弱，试件强度更加接近于自然干燥试件。在25~300℃温度区间，化学改性系数从大到小依次为水浸泡>碱腐蚀>酸腐蚀；在300℃以上温度区间，试件的孔隙率逐渐增大，热损伤效应逐渐增强，各类溶液浸泡试件的化学改性系数逐渐接近，此时试件强度的劣化以高温热损伤占主导地位，由溶液类型所引起的差异性相对较弱。

剔除在300℃时碱腐蚀试件出现的离群点，对化学改性系数和热处理温度之间的关系进行非线性拟合，得到的拟合关系式分别如下：

$$G_{ch-TW} = 0.817 + 0.166e^{-\frac{1}{2}\left(\frac{T-150}{252.47}\right)^2}, \quad R^2 = 0.780 \qquad (4-16)$$

$$G_{ch-TH} = 0.845 + 0.053e^{-\frac{1}{2}\left(\frac{T-150}{82.85}\right)^2}, \quad R^2 = 0.634 \qquad (4-17)$$

$$G_{ch-TN} = 0.859 + 0.078e^{-\frac{1}{2}\left(\frac{T-150}{145.27}\right)^2}, \quad R^2 = 0.852 \qquad (4-18)$$

式中　G_{ch-TW}，G_{ch-TH}，G_{ch-TN}——分别为 T℃高温热处理后水浸泡、酸腐蚀和碱腐蚀试件的化学改性系数。

拟合曲线的相关系数 R^2 均大于0.63，拟合效果较为良好。从拟合公式可以看出，化学改性系数 G_{ch} 与热处理温度之间近似满足以下统一形式的高斯函数关系：

$$G_{ch} = G_{ch-25} + B_1 e^{-\frac{(T-T_c)^2}{2w^2}} \qquad (4-19)$$

式中　T_c——高斯曲线峰值点对应的热处理温度，在本书选取的试验温度水平下为150℃；

　　　w——表征高斯曲线宽度的标准差，℃；

　　　B_1——拟合系数。

花岗岩试件热化改性系数随温度变化规律如图4-9所示。

根据热化改性系数的定义可知，其与热化改性试件的单轴抗压强度具有相同的非线性变化趋势，在此不做赘述。对热化改性系数和热处理温度之间的关系进行非线性拟合，得到的拟合关系式分别如下：

$$G_{tc-N} = 1.017 - 0.014e^{\frac{T-25}{151.31}}, \quad R^2 = 0.999 \qquad (4-20)$$

$$G_{tc-TW} = 0.968 - 0.012e^{\frac{T-25}{144.32}}, \quad R^2 = 0.993 \qquad (4-21)$$

$$G_{tc-TH} = 0.876 - 0.011e^{\frac{T-25}{146.08}}, \quad R^2 = 0.992 \qquad (4-22)$$

$$G_{tc-TN} = 0.946 - 0.041e^{\frac{T-25}{210.74}}, \quad R^2 = 0.972 \qquad (4-23)$$

式中　G_{tc-N}，G_{tc-TW}，G_{tc-TH}，G_{tc-TN}——分别为 T℃高温热处理后自然干燥、水浸泡、酸腐蚀和碱腐蚀试件的热化改性系数。

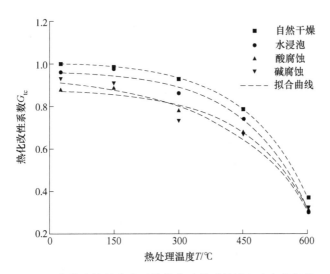

图4-9 热化改性花岗岩试件热化改性系数随温度变化规律

从拟合公式可以看出，相关系数 R^2 均大于 0.97，拟合效果优异。热化改性系数 G_{tc} 与热处理温度之间近似满足以下统一形式的指数函数关系：

$$G_{tc} = G_{tc-25} - C_0 e^{C_T \Delta T} \tag{4-24}$$

式中 C_0——拟合系数；
    C_T——温度系数，$℃^{-1}$。

4.4 热化改性花岗岩能量演化及脆性指标计算

4.4.1 能量计算原理

不同热化改性花岗岩的单轴压缩破裂过程呈现出高度的复杂性，其本质特征可通过能量的转化进行反映。从能量的角度分析花岗岩试件在加载期间的能量演化规律，有利于研究热损伤和化学损伤对岩体的储能能力和脆-延性转化力学行为的影响。假设花岗岩试件总输入应变能 U 是由试验机做功产生的，在整个加载变形过程中与外界不存在热交换，可以看作一个封闭的系统，根据热力学第一定律，有

$$U = U_e + U_d \tag{4-25}$$

式中 U_e——弹性应变能密度，kJ/m^3；
    U_d——耗散能密度，kJ/m^3。

由热力学第二定律可知，损伤耗散能是不可逆的，输入的能量在损伤部分也将完全耗散。在主应力空间，岩体单元中的弹性应变能和损伤耗散能的量值关系如图4-10所示。

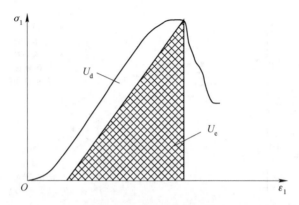

图 4-10　弹性应变能与损伤耗散能的量值关系

在主应力空间中岩体单元所能积聚的总应变能为

$$U = \int_0^{\varepsilon_1} \sigma_1 \mathrm{d}\varepsilon_1 + \int_0^{\varepsilon_2} \sigma_2 \mathrm{d}\varepsilon_2 + \int_0^{\varepsilon_3} \sigma_3 \mathrm{d}\varepsilon_3 \tag{4-26}$$

式中　σ_1，σ_2，σ_3——分别为岩体单元第 1、第 2 与第 3 主应力，MPa；

　　　ε_1，ε_2，ε_3——分别为岩体单元主应力对应的主应变。

弹性应变能可通过下式计算：

$$U_e = \frac{1}{2}\sigma_1 \varepsilon_{1e} + \frac{1}{2}\sigma_2 \varepsilon_{2e} + \frac{1}{2}\sigma_3 \varepsilon_{3e} \tag{4-27}$$

根据胡克定律，上式可改为

$$U_e = \frac{1}{2E_0}\left[\sigma_1^2 + \sigma_2^2 + \sigma_3^2 - 2\nu(\sigma_1\sigma_2 + \sigma_2\sigma_3 + \sigma_3\sigma_1) \right] \tag{4-28}$$

单轴压缩条件下，$\sigma_2 = \sigma_3 = 0$，弹性应变能计算公式可以简化为

$$U_e = \frac{1}{2E_0}\sigma_1^2 \tag{4-29}$$

式中　E_0——初始弹性模量，GPa；

　　　ν——泊松比。

将峰值点前应力-应变曲线划分 n 等分，由积分和可得单轴压缩岩体单元总应变能表达式：

$$U = \sum_{i=1}^n \frac{1}{2}(\sigma_1^i + \sigma_1^{i+1})(\varepsilon_1^{i+1} - \varepsilon_1^i) \tag{4-30}$$

式中　σ_1^i，σ_1^{i+1}，ε_1^i，ε_1^{i+1}——分别为应力-应变曲线中第 i 个等分区间所对应的
　　　　　　　　　　　　　　　应力值和应变值。

4.4.2　变形破坏能量演化规律

将单轴压缩试验数据代入能量计算公式进行分析，得到的不同热化改性花岗

岩试件的峰值能量指标统计见表 4-3。

表 4-3 热化改性花岗岩试件峰值能量指标计算结果

试件编号	温度/℃	试件类型	总应变能 /kJ·m⁻³	弹性能 /kJ·m⁻³	耗散能 /kJ·m⁻³	能量积聚率 /%	能量耗散率 /%
N-U0	25	自然干燥	490.93	471.07	19.86	95.95	4.05
N-U1	150		446.51	436.94	9.58	97.86	2.14
N-U2	300		494.70	439.74	54.96	88.89	11.11
N-U3	450		439.13	380.34	58.79	86.61	13.39
N-U4	600		274.57	194.21	80.36	70.73	29.27
TW-U0	25	水浸泡	443.47	441.55	1.92	99.57	0.43
TW-U1	150		463.93	453.51	10.42	97.75	2.25
TW-U2	300		395.59	387.15	8.44	97.87	2.13
TW-U3	450		352.37	331.32	21.05	94.03	5.97
TW-U4	600		211.01	142.59	68.41	67.58	32.42
TH-U0	25	酸腐蚀	435.32	392.15	43.17	90.08	9.92
TH-U1	150		416.96	384.64	32.32	92.25	7.75
TH-U2	300		366.97	330.12	36.85	89.96	10.04
TH-U3	450		330.94	279.39	51.55	84.42	15.58
TH-U4	600		192.80	135.81	56.99	70.44	29.56
TN-U0	25	碱腐蚀	436.58	419.65	16.93	96.12	3.88
TN-U1	150		465.66	414.65	51.01	89.05	10.95
TN-U2	300		323.64	291.90	31.73	90.19	9.81
TN-U3	450		332.17	295.37	36.80	88.92	11.08
TN-U4	600		224.35	153.59	70.77	68.46	31.54

不同热化改性花岗岩试件在峰值前的应变能密度随轴向应变变化曲线及对应的峰值能量指标变化分别如图 4-11～图 4-14 所示。从图 4-11 可以看出，自然干燥高温花岗岩试件的总应变能在 25～450℃ 范围内较为稳定，在 600℃ 时由于石英相变导致花岗岩弹性性能减弱，总应变能显著降低。由于热膨胀对矿物颗粒的压密作用，150℃ 高温处理试件的耗散能减少，能量更多的是以弹性能的形式在试件体内积聚和储存。在温度超过 150℃ 之后，高温水冷作用导致试件内部形成更多的微裂纹，因此耗散能逐渐增加，弹性能则逐渐降低。能量耗散主要发生在非稳定破裂发展阶段，该阶段试件达到可承受的屈服应力极限，逐渐开始产生出现不可恢复的累进性破坏，更多的能量被用于形成岩体单元内部损伤和塑性变形。

随着热处理温度的增加，花岗岩材料强度降低，屈服应力也相应下降，能量耗散逐渐提前，例如，600℃试件在加载初期即出现了明显的能量耗散现象。弹性应变能的突然释放是导致岩石脆性破坏的内在原因，从弹性应变能随温度变化规律的角度，也可以看出花岗岩试件的脆性在300℃后逐渐降低。

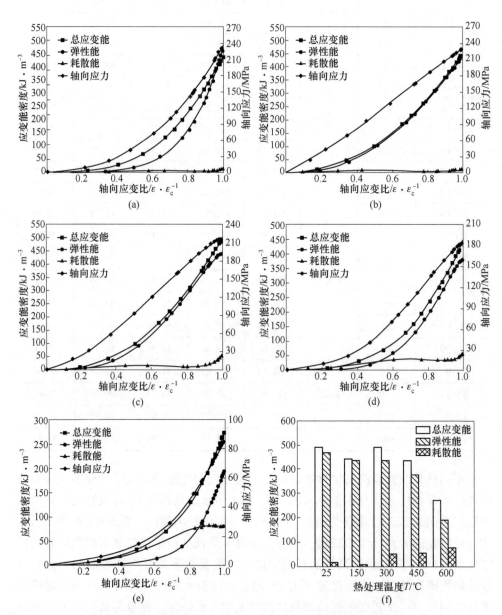

图4-11　自然干燥花岗岩试件应变能密度变化及峰值能量指标

(a) 25℃；(b) 150℃；(c) 300℃；(d) 450℃；(e) 600℃；(f) 峰值能量指标

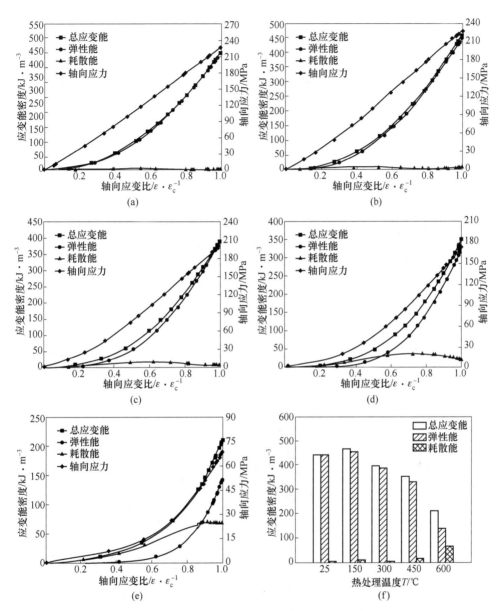

图 4-12 水浸泡花岗岩试件应变能密度变化及峰值能量指标

(a) 25℃；(b) 150℃；(c) 300℃；(d) 450℃；(e) 600℃；(f) 峰值能量指标

从图 4-12 可以看出，水浸泡试件在常温 25℃和 150℃热处理时的应变能差别较小，耗散能几乎可以忽略不计，此时花岗岩试件表现为很强的脆性破坏性质。在 150℃之后，随着温度的升高，总应变能和弹性应变能逐渐减少，耗散能则相应地逐渐增加，脆性特征持续减弱。相较于自然干燥试件，水浸泡试件的耗散能

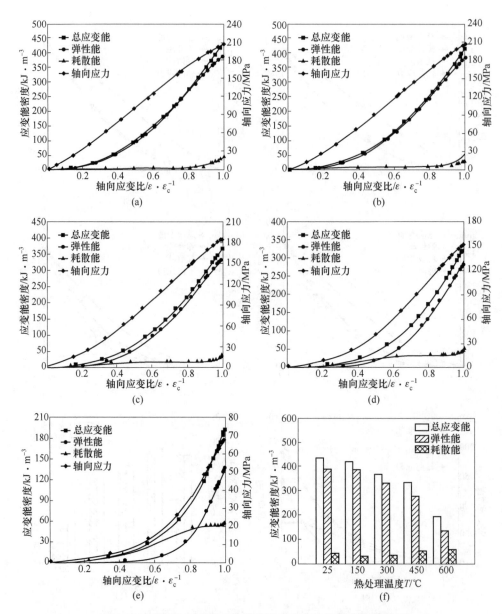

图 4-13 酸腐蚀花岗岩试件应变能密度变化及峰值能量指标

(a) 25℃；(b) 150℃；(c) 300℃；(d) 450℃；(e) 600℃；(f) 峰值能量指标

普遍较小，这也说明水浸泡对矿物颗粒间胶结作用的增强，一定程度上提高了高温花岗岩试件的储能能力。

从图 4-13 可以看出，酸腐蚀高温花岗岩试件在 25～600℃温度范围内，总应变能和弹性应变能均随着温度的升高而逐渐降低，耗散能则一直维持在一个相对

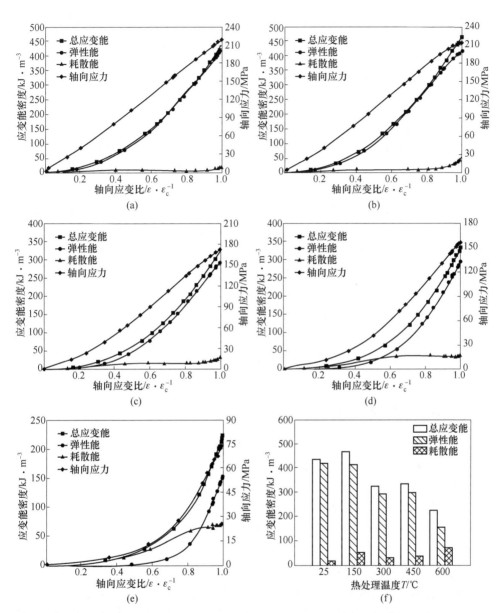

图 4-14 碱腐蚀花岗岩试件应变能密度变化及峰值能量指标

（a）25℃；（b）150℃；（c）300℃；（d）450℃；（e）600℃；（f）峰值能量指标

较高的水平。说明 HCl 溶液与花岗岩矿物之间的化学腐蚀作用导致试件内部出现了较为严重的损伤，矿物颗粒间的胶结物与酸溶液发生反应后被溶蚀，形成的微孔隙或微裂纹降低了试件的储能能力，总应变能和弹性应变能均低于自然干燥试件。

从图 4-14 可以看出，虽然碱腐蚀高温花岗岩试件生成的沉淀物填充了部分孔隙，但试件的整体强度依然出现了明显的下降。总应变能在 150℃ 时略有增加，但对应的耗散能也相对更高。相对于酸腐蚀而言，NaOH 溶液溶蚀石英、长石和方解石的能力更强，显著降低了花岗岩试件储存弹性应变能的能力，进而导致在 300℃ 及以上温度下，碱腐蚀试件的总应变能和弹性能均低于酸腐蚀试件。

从总体趋势来看，随着热处理温度的升高，不同热化改性花岗岩试件积聚应变能的能力逐渐减弱，总应变能和弹性应变能随温度呈递减的趋势。可以发现，热损伤效应对能量演化的影响具有温度区间性，在 25~150℃ 温度范围内，花岗岩表现出很强的能量积聚能力，外界输入的能量大部分转化为弹性应变能储存在岩体内，由微孔洞、微裂纹等引起的损伤耗散能占比较低，除 150℃ 热处理的碱腐蚀试件外，其余状态花岗岩的峰值点处能量耗散率均低于 10%。在 150℃ 温度内，花岗岩的储能能力不会受到弱化，在破坏时具有很强的脆性特征。在 300~600℃ 温度区间内，随着温度的升高，岩体内热损伤区域增多，损伤程度增加，在应变能曲线上表现为耗散能曲线的逐渐上扬。对于 450℃ 和 600℃ 热处理试件，在变形初期的一段时间内耗散能普遍大于弹性能，此时更多的能量消耗在了微孔洞、微裂纹的压密闭合和相互摩擦中。热损伤导致岩体积聚能量的能力被弱化，在破坏时释放能量减弱，例如 600℃ 热处理花岗岩的峰值能量耗散率均在 30% 左右。

4.4.3 能量脆性指标分析

岩石的脆性与其力学特性密切相关，根据前文的延性系数计算结果可知，延性系数无法有效反映热化改性花岗岩的脆-延性转化行为，因此需要通过建立其他指标对其脆性进行评价。当前还没有标准的、统一的岩石脆性定义及测试方法，国内外学者根据试验结果从不同的角度定义了岩石的脆性指标，提出了基于应力-应变特征曲线、压拉强度、莫尔圆等一系列测试手段的岩石材料脆性指标测定方法。

从前文分析可知，热化改性花岗岩的变形破坏过程十分复杂，而能量脆性指标能够综合考虑应力和应变的影响，可以更为全面地反映试件脆性破坏的本质特征，因此选用能量脆性指标对热化改性花岗岩的脆-延性转化行为进行分析。能量脆性指标定义为可恢复弹性应变能与总应变能的比值，能够有效反映峰前岩石的脆性特征。能量脆性指标表达式为

$$B_W = \frac{U_e}{U} \tag{4-31}$$

计算得到的能量脆性指标随温度的变化如图 4-15 所示。随着热处理温度的增加，高温后自然干燥和酸腐蚀试件的脆性指标先增大后减小，水浸泡和碱腐蚀

试件则表现为先缓慢降低后快速下降的变化趋势。在 25~450℃ 温度区间内，试件内的矿物颗粒吸水膨胀填充了热损伤产生的孔隙，同时也增强了颗粒间的胶结作用和摩擦作用，致使水浸泡试件的脆性指标相较于自然干燥试件有所增强。在 25~450℃ 温度区间内，酸碱腐蚀试件的脆性低于水浸泡试件，说明酸碱腐蚀对脆性的弱化作用十分明显，腐蚀弱化作用远大于水浸泡引起的脆性增强。450℃ 之后试件的脆性指标降低速率明显加快，且 600℃ 热处理试件的脆性对化学浸泡作用的敏感性较弱，无论是自然干燥、水浸泡还是酸碱溶液腐蚀，得到的脆性指标都较为接近。原因在于，矿物氧化分解和石英相变引起花岗岩力学性能出现质的变化，此时热损伤对花岗岩的脆-延性转化起到主导作用，化学损伤所占的权重被削弱，因此，可以将 600℃ 作为热化改性花岗岩发生脆-延性转化的温度阈值。

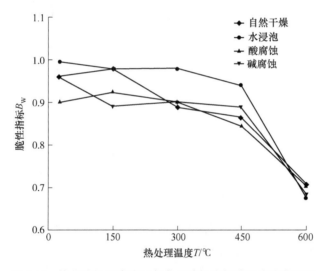

图4-15 热化改性花岗岩试件能量脆性指标随温度变化规律

4.5 热化改性花岗岩渐进破裂过程

4.5.1 渐进破裂特征应力点计算

对于大多数岩石试件，其变形破坏都是一个渐进的过程，可以通过微裂纹的萌生、扩展和贯通来表征。大量的力学试验结果表明，岩石的破坏过程由裂纹闭合阶段、弹性变形阶段、裂纹稳定扩展阶段、裂纹非稳定扩展阶段、峰后变形阶段和残余变形阶段等多个典型阶段组成。根据各阶段之间的过渡特征点，可以划分出裂纹闭合应力 σ_{cc}、裂纹起裂应力 σ_{ci}、裂纹损伤应力 σ_{cd}、峰值应力 σ_c 和

残余应力 σ_{rs} 等多个关键应力阈值，岩石的破裂演化阶段划分如图 4-16 所示。通过研究这些特征应力点，有助于更深入地了解岩石的渐进破裂过程。由于花岗岩坚硬致密，在应力–应变曲线中并未出现显著的裂纹闭合阶段，在峰后通常表现出突发的脆性破坏，因此本节主要针对花岗岩的裂纹起裂应力 σ_{ci}、裂纹损伤应力 σ_{cd} 和峰值应力 σ_c 进行分析。

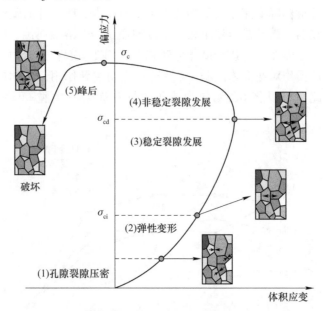

图 4-16 岩石破裂演化阶段划分

Martin 和 Chandler 指出，裂纹起裂应力 σ_{ci} 是岩体长期强度的下限，裂纹损伤应力 σ_{cd} 则被认为是岩体长期强度的上限，确定裂纹起裂应力 σ_{ci} 和损伤应力 σ_{cd} 有助于理解岩石的渐进破坏过程，对于大型工程岩体的长期安全稳定性分析具有重要参考价值。一般来说，确定裂纹损伤应力 σ_{cd} 的方法比较客观准确，即把对应于最大体积应变的体积应变–轴向应力的拐点定义为裂纹损伤应力 σ_{cd}，该观点目前已被岩石力学界普遍接受，本书也选择采用该方法确定 σ_{cd} 的值。

与裂纹损伤应力 σ_{cd} 相比，客观地确定裂纹起裂应力 σ_{ci} 是非常困难的。学者们通过室内压缩试验提出了多个确定 σ_{ci} 的方法，大体可以分为应力–应变法和声发射法 2 类。应力–应变法包括体积应变法（VS）、环向应变法（LS）、裂纹体积应变法（CVS）、环向应变响应法（LSR）和体积应变响应法（VSR）等，此类方法均是基于应力–应变曲线进行分析，只需要通过压缩试验获取应力和应变之间的关系即可得到 σ_{ci} 的值，而声发射法则需要通过累计振铃计数–轴向应力曲线对 σ_{ci} 的值进行判别。各类方法理想的判别曲线如图 4-17 所示，下面对各类方法的适用性和优缺点进行简要的论述。

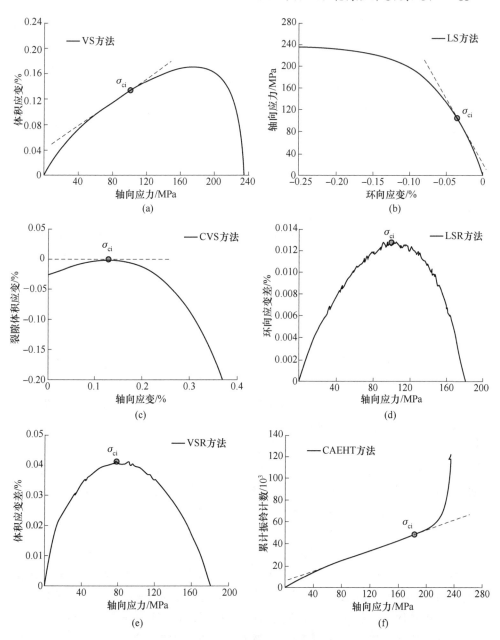

图 4-17　裂纹起裂应力判别方法

（a）体积应变法；（b）环向应变法；（c）裂纹体积应变法；（d）环向应变响应法；
（e）体积应变响应法；（f）累计声发射计数法

（1）体积应变法（VS）。Brace 等人提出通过应力-体积应变曲线来确定 σ_{ci}，花岗岩的应力-体积应变曲线在应力达到 σ_{ci} 之前呈线性特征，当体积应变偏离线性时，认为该处是岩体破碎产生扩容的开始。因此，应力-体积应变曲线线性部分末端的点通常被认为是 σ_{ci}。该方法物理意义明确，在确定 σ_{ci} 时简单实用，但却存在有明显的主观性。由于体积应变受到轴向应变和环向应变的影响，在应力-体积应变曲线中寻找线性部分的起始点较为困难，进而导致从沿线性部分起始点的切线得出的 σ_{ci} 具有很强的随机性。此外，只有在一定应力范围内的应力-体积应变行为才表现出近似弹性，当应力超过一定范围时，岩石表现出很强的非线性特性，很难通过寻找线性段来确定 σ_{ci}。

（2）环向应变法（LS）。在非稳定裂隙发展阶段开始之前，就应力-应变曲线中的裂纹扩展而言，环向应变比轴向应变更为敏感。在稳定裂隙发展阶段，裂纹的张开方向与轴向应力垂直，导致横向膨胀变形。因此，部分学者提出基于环向应变确定 σ_{ci} 的方法。例如，Lajtai 提出通过应力-环向应变曲线中偏离线性段的环向应变所对应的应力来确定 σ_{ci}。与 VS 方法相比，LS 法具有一定的优势，例如更简单、更直观，并且可以避免轴向应变的扰动。然而，若岩石试件含有大量的初始微裂纹或微孔隙，应力-环向应变曲线在稳定裂隙发展阶段将不具有明显的线性特征，很难通过线性部分准确确定 σ_{ci}，此时获得的 σ_{ci} 同样具有很强的主观性。

（3）裂纹体积应变法（CVS）。Martin 和 Chandler 认为，通过应力-体积应变曲线来确定 σ_{ci} 较为困难，尤其是在岩石试件中存在大量初始裂隙时。因此，他们提出可以通过绘制轴向应力-裂纹体积应变曲线来确定 σ_{ci}，即把裂纹体积应变为 0 时的水平线段末端对应的应力作为 σ_{ci}。与 VS 法和 LS 法相比，CVS 法确定的 σ_{ci} 更准确、更客观。然而，CVS 方法的一个缺点是 σ_{ci} 受弹性模量和泊松比等弹性常数的影响很大，特别是裂纹体积应变对泊松比十分敏感。CVS 法的另一个缺点是当试验前岩石试件中存在较多的初始裂隙时，会导致泊松比很难确定，此时该方法也同样很难获得 σ_{ci}。此外，在选择偏离水平线段的末端时也存在较大的误差，有时甚至无法得到水平切线。

（4）环向应变响应法（LSR）。如前所述，环向应变在非稳定裂隙发展阶段开始后显著增加。因此，Nicksiar 和 Martin 基于从原点到非稳定裂隙发展阶段之间的应力-横向应变曲线，提出了用应力-环向应变差曲线来确定 σ_{ci}，即 LSR 方法。与上述其他方法相比，LSR 方法的优点在于计算得到的环向应变差的最大值是唯一的，增强了确定 σ_{ci} 的客观性。然而，该方法中被视为 σ_{ci} 的环向应变差的最大值的物理意义并不明确。与 LSR 方法相比，上述其他方法在确定 σ_{ci} 时具有与裂纹闭合或扩展相关的明确的物理特征。

（5）体积应变响应法（VSR）。VSR 法与 LSR 方法相似，将环向应变替换成体积应变，获取应力-体积应变曲线，其他步骤与 LSR 方法基本一致，在此不做赘述。

（6）累计声发射法（CAEHT）。除应力-应变法外，还可以通过测量试件在加载期间的声发射参数来确定 σ_{ci}。例如，Zhao 等提出了在累计声发射振铃计数-轴向应力曲线上作切线确定 σ_{ci} 的方法，并将其称之为累计声发射法（CAEHT）。然而，真实的 σ_{ci} 和声发射背景噪声之间的界限仍然模糊，并且确定 σ_{ci} 的 CAEHT 方法还取决于具有 S 形特性的累计声发射曲线。事实上，在声发射测试过程中，大多数岩石难以获得具有明显 S 形特征的累积声发射曲线，大部分曲线都表现为轻微倾斜的 J 形特征。此外，裂纹闭合阶段、弹性变形阶段以及临界失效阶段的声发射信号会出现剧烈波动，而且 CAEHT 方法依然没有去除主观性的影响，求解结果也并不唯一。

综上所述，VS 法、LS 法和 CVS 法在确定 σ_{ci} 时均具有与裂纹闭合和扩展相关的明确特征，但在绘制应力-应变曲线的线性部分的切线时很大程度上取决于用户的判断，具有很强的主观性。LSR 法和 VSR 法分别选取环向应变差和体积应变差的最大值作为特征点，得到的应力值是唯一的，消除了人为选择切线判断阈值的误差，增强了识别过程的客观性。虽然 LSR 法和 VSR 法在判断阈值点时具有明确的数学意义，但其物理意义并不明确。而 CAEHT 法在实际应用中很难获得 S 型累计声发射曲线，且依旧具有很强的主观性。鉴于此，本书选用 VS 法、LS 法、LSR 法、VSR 法和 CAEHT 法等 5 种常用方法分别计算裂纹起裂应力 σ_{ci} 的值，通过求取平均值、标准差和变异系数对计算结果的离散性进行分析，变异系数越大则说明该组数据越离散，如果变异系数大于 15%，则需要判断是否剔除其中异常的部分数据。变异系数 CoV 计算公式如下：

$$\text{CoV} = \frac{S}{\overline{M}} \tag{4-32}$$

式中　　S——标准差，$S = \sqrt{\dfrac{1}{N}\sum_{i=1}^{N}(x_i - \overline{M})^2}$；

　　　　$\overline{M}$——平均值，$\overline{M} = \dfrac{1}{N}\sum_{i=1}^{N}x_i$；

　　　　N——数据点总数；

　　　　x_i——第 i 个数据。

热化改性花岗岩试件的裂纹起裂应力 σ_{ci} 和损伤应力 σ_{cd} 计算结果如表 4-4 所示。各类方法计算得到的 σ_{ci} 存在较大的离散性，变异系数大于 15%，这是由于受到高温作用和化学腐蚀的影响，花岗岩试件的声发射特征波动较大，累计声发射计数法得到的 σ_{ci} 远大于其他方法引起的，因此予以剔除。在剔除累计声发射计数法的计算结果后，剩余数据的变异系数较小，具有很好的一致性。

根据计算结果，获得的裂纹起裂应力 σ_{ci} 和损伤应力 σ_{cd} 随温度的变化如图 4-18 所示。可见，σ_{ci} 和 σ_{cd} 均会随着热处理温度的升高而逐渐降低，区别在于，σ_{ci} 随

表 4-4 热化改性花岗岩试件渐进破裂过程特征应力计算结果

试件编号	温度/℃	试件类型	VS	LS	LSR	VSR	CAEHT	σ_{ci}/MPa Mean	SD	CoV/%	Mean*	SD*	CoV*/%	σ_{cd}/MPa	σ_c/MPa	σ_{ci}/σ_c	σ_{cd}/σ_c
N-U0	25	自然	100.2	105.04	104.41	90.75	184.62	126.59	34.19	27.01	100.10	5.71	5.70	181.43	235.48	0.43	0.77
N-U1	150		88.5	93.46	84.62	71.51	131.6	95.91	20.19	21.05	84.52	8.14	9.63	163.72	230.47	0.37	0.71
N-U2	300		69.62	72.74	77.1	54.95	106.54	79.53	16.90	21.25	68.60	8.32	12.12	163.16	217.07	0.32	0.75
N-U3	450		39.24	45.54	44.5	33.87	71.32	49.90	12.90	25.86	40.79	4.65	11.41	135.03	184.44	0.22	0.73
N-U4	600		18.98	17.77	20.89	18.12	25.75	21.59	2.93	13.58	18.94	1.21	6.38	57.92	86.70	0.22	0.67
TW-U0	25	水浸泡	101.55	102.45	107.07	90.64	97.84	99.91	5.49	5.49	100.43	6.03	6.00	182.82	226.69	0.44	0.81
TW-U1	150		84.37	87.14	84.41	63.97	93.01	82.58	9.82	11.89	79.97	9.31	11.64	165.83	228.81	0.35	0.72
TW-U2	300		64.41	68.74	66.79	52.91	99.13	70.40	15.38	21.85	63.21	6.14	9.71	156.29	201.49	0.31	0.78
TW-U3	450		38.87	32.69	40.12	36.75	83.17	46.32	18.60	40.15	37.11	2.82	7.60	127.63	173.86	0.21	0.73
TW-U4	600		15.86	14.01	15.96	15.38	44.29	21.10	11.62	55.05	15.30	0.78	5.09	45.24	70.80	0.22	0.64
TH-U0	25	酸腐蚀	86.45	102.26	108.93	76.11	115.62	97.87	14.56	14.88	93.44	12.91	13.82	177.18	205.85	0.45	0.86
TH-U1	150		74.86	73.25	78.01	60.62	64.25	70.20	6.62	9.43	71.68	6.61	9.23	155.42	206.74	0.35	0.75
TH-U2	300		58.40	61.58	72.04	48.00	51.18	58.24	8.44	14.49	60.00	8.57	14.29	138.40	182.53	0.33	0.76
TH-U3	450		37.99	42.32	47.16	33.37	25.72	37.31	7.38	19.78	40.21	5.11	12.71	115.40	159.74	0.25	0.72
TH-U4	600		13.96	17.88	13.76	12.26	61.66	23.90	18.97	79.36	14.46	2.08	14.38	44.44	71.75	0.20	0.62
TN-U0	25	碱腐蚀	93.17	94.01	96.74	88.73	63.38	87.21	12.19	13.98	93.16	2.88	3.09	168.03	218.42	0.43	0.77
TN-U1	150		94.75	93.98	99.64	68.87	155.99	102.65	28.75	28.01	89.31	12.00	13.43	165.16	213.84	0.42	0.77
TN-U2	300		60.77	60.38	64.53	50.10	90.99	65.35	13.68	20.94	58.95	5.36	9.09	134.26	172.01	0.34	0.78
TN-U3	450		38.35	42.21	42.11	32.92	45.02	40.12	4.18	10.42	38.90	3.79	9.74	106.53	156.95	0.25	0.68
TN-U4	600		13.83	16.50	16.45	13.38	38.20	19.67	9.35	47.55	15.04	1.44	9.58	49.23	75.40	0.20	0.65

着温度的升高近似呈线性下降，而 σ_{cd} 在 25～450℃ 范围内近似呈线性下降，在 450～600℃ 范围内下降速率加快。在 300～450℃ 高温作用下，酸碱腐蚀试件的裂纹损伤应力 σ_{cd} 要明显低于自然干燥和水浸泡试件。600℃ 高温试件的 σ_{ci} 和 σ_{cd} 分别仅为 25℃ 常温状态下的 15% 和 28% 左右。以上现象说明，高温水冷作用和化学溶液浸泡作用均会导致花岗岩长期强度的降低。

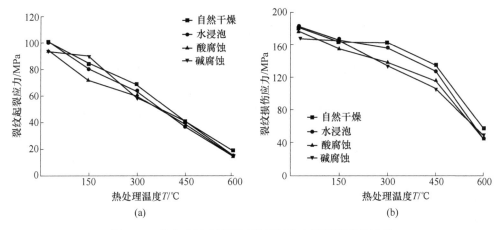

图 4-18 热化改性花岗岩试件特征应力随温度变化规律
（a）起裂应力；（b）损伤应力

将裂隙起裂应力 σ_{ci} 与单轴抗压强度 σ_c 的比值定义为起裂应力比，裂隙损伤应力 σ_{cd} 与单轴抗压强度 σ_c 的比值定义为损伤应力比，得到的起裂应力比和损伤应力比随温度变化曲线如图 4-19 所示。从图中可以看出，对于热化改性花岗岩，裂隙起裂应力 σ_{ci} 约为单轴抗压强度的 0.2～0.4 倍，而裂隙损伤应力 σ_{cd} 约为单

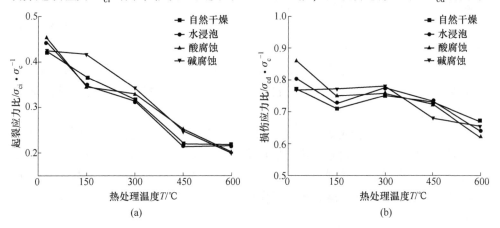

图 4-19 热化改性花岗岩试件特征应力比随温度变化规律
（a）起裂应力比；（b）损伤应力比

轴抗压强度的 0.6~0.8 倍。起裂应力比随着热处理温度的升高逐渐降低，损伤应力比随着温度的升高则具有一定的波动性，但整体依然呈缓慢下降的趋势。说明在载荷作用下，高温和化学改性作用会加速裂纹的扩展，且温度越高，裂纹越早进入稳定和非稳定扩展阶段。

4.5.2 渐进破裂声发射特征

岩石材料在受力变形过程中内部裂纹的产生、扩展及断裂过程均伴随着机械能向声能的转变，基于 AE 技术实时监测和获取试件加载期间的声发射信息，根据声发射振铃计数和累计振铃计数等声发射参数的变化特征，可以用来描述岩石破裂失稳中其内部裂纹的演化过程。不同热化改性花岗岩的轴向应力及声发射振铃计数和累计振铃计数随加载时间的变化分别如图 4-20~图 4-23 所示。利用声发射振铃计数结果对前文分析的应力-应变曲线阶段划分和能量演化过程做进一步的讨论，结合渐进破裂特征应力点，将声发射全过程分为以下 4 个阶段。

（1）阶段 I：初始压密阶段和弹性变形阶段。阶段 I 对应于轴向应力-应变曲线的初始压密阶段和弹性变形阶段。该阶段内的声发射活动相对较为平静，对于 300℃ 及以内的热化改性花岗岩，在该阶段的声发射振铃计数不明显，累计振铃计数也处于非常低的水平，试件的变形以弹性为主，并未产生破裂行为。对于 450℃ 和 600℃ 的热化改性花岗岩，热损伤形成的孔隙在载荷作用下压密闭合，伴随有矿物颗粒间的滑动摩擦，在加载初期便有较为明显的声发射活动，累计振铃计数也呈上涨的趋势。

（2）阶段 II：微弹性裂隙稳定发展阶段。阶段 II 对应于轴向应力-应变曲线的微弹性裂隙稳定发展阶段，处于起裂应力 σ_{ci} 和损伤应力 σ_{cd} 之间的应力范围内。该阶段内微弹性裂隙开始萌生，伴随有少量的声发射现象。对于 300℃ 及以内的热化改性花岗岩，声发射活动依旧较弱，累计振铃计数几乎保持水平。对于 450℃ 和 600℃ 的热化改性花岗岩，该阶段内的声发射事件开始增多，累计振铃计数出现较大幅度的增加，花岗岩材料内部矿物颗粒间的摩擦和微裂纹的萌生和扩展持续发生。

（3）阶段 III：非稳定破裂发展阶段。阶段 III 对应于轴向应力-应变曲线的非稳定破裂发展阶段，轴向应力达到损伤应力 σ_{cd} 点，热化改性花岗岩从弹性逐渐转变为塑性，微破裂的发展出现质的变化。该阶段内声发射事件变得十分活跃，累计振铃计数平稳上升，微裂纹不断发展并相互贯通，试件内部非稳定破裂单元增加。

（4）阶段 IV：峰后破裂阶段。阶段 IV 对应于轴向应力-应变曲线的峰后破裂阶段，轴向应力超过峰值应力，裂隙快速发展融合并形成宏观破裂，声发射振铃

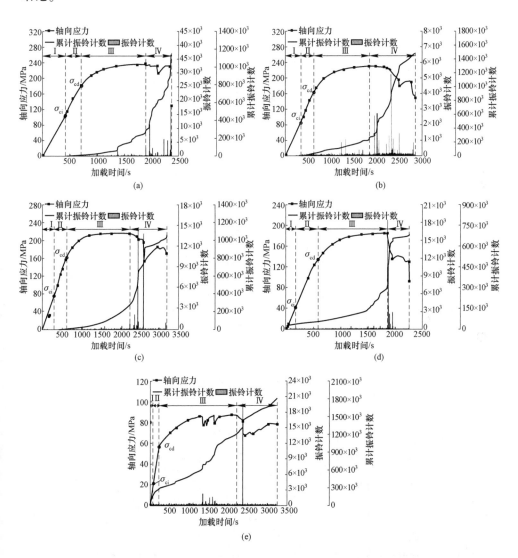

计数急剧上升。除600℃的热化改性花岗岩外，其余大部分试件在峰后均表现出明显的阶段性破裂特征，累计振铃计数呈台阶状迅速上涨。600℃的热化改性花岗岩在该阶段内的声发射活跃程度较低，除自然干燥状态出现了小幅度的应力跌落外，其余化学浸泡环境下的试件均保持在一个稳定的应力值，表现出较为明显的延性变形特征。从前文的脆-延性转化分析可知，600℃的高温水冷作用对花岗岩试件的脆-延性转化力学行为影响十分显著，声发射特征也再次验证了这一结论。

图 4-20 热处理温度对自然干燥花岗岩试件声发射振铃计数的影响

(a) 25℃；(b) 150℃；(c) 300℃；(d) 450℃；(e) 600℃

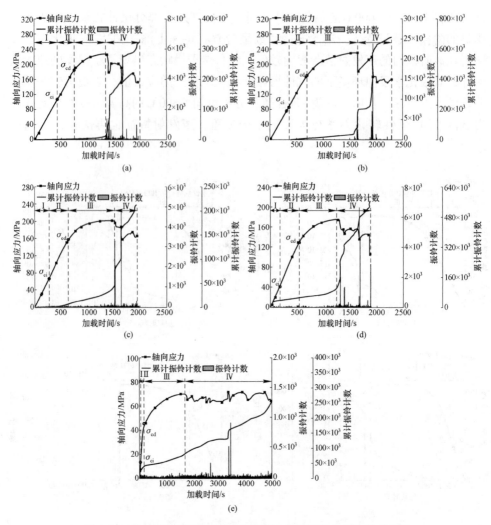

图 4-21 热处理温度对水浸泡花岗岩试件声发射振铃计数的影响

(a) 25℃；(b) 150℃；(c) 300℃；(d) 450℃；(e) 600℃

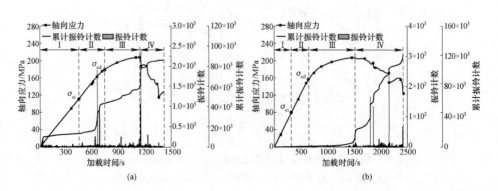

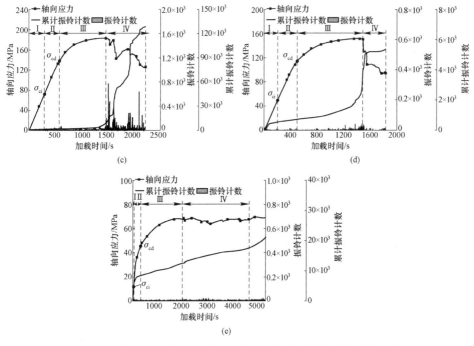

图 4-22 热处理温度对酸腐蚀花岗岩试件声发射振铃计数的影响

（a）25℃；（b）150℃；（c）300℃；（d）450℃；（e）600℃

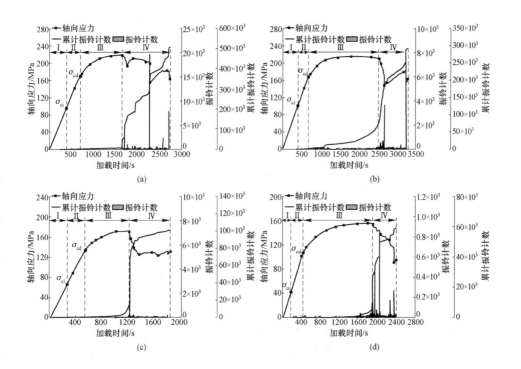

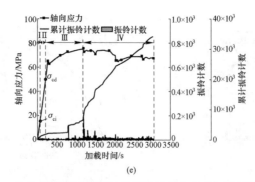

图 4-23　热处理温度对碱腐蚀花岗岩试件声发射振铃计数的影响
(a) 25℃；(b) 150℃；(c) 300℃；(d) 450℃；(e) 600℃

4.5.3　声发射时序参数与破裂模式分析

除声发射振铃计数外，声发射信号还包括幅值、能率、上升时间、持续时间、峰值频率等特征参数，其中振铃计数和持续时间的比值称为平均频率（AF值)，上升时间与最大振幅的比值称为 RA 值，如图 4-24 所示。根据岩体破坏机制可将岩体破坏划分为张性破坏和剪性破坏。在花岗岩试件的断裂破坏过程中，张拉和剪切裂纹所释放的声发射信号存在较大差异，张拉裂纹释放的纵波能量较大，声发射波形上升时间短且频率高；而剪切裂纹释放的横波能量较大，声发射波形上升时间长且频率低。因此，通过声发射时序参数 AF 值和 RA 值可以对热化改性花岗岩的破裂机制进行判别。

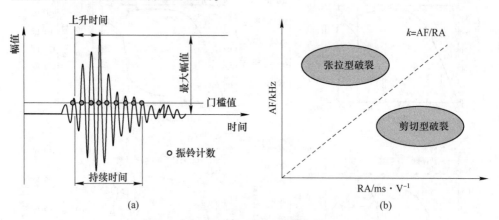

图 4-24　声发射波形参数及破裂模式示意图
(a) 声发射波形参数；(b) 破裂模式

一般而言，张拉裂纹对应的声发射事件具有较低的 RA 值与较高的 AF 值；而剪切裂纹所对应的声发射事件则具有较高的 RA 值与较低的 AF 值。通常将声发射参数 AF 和 RA 的比值记作 k，当某一微破裂事件的 AF 与 RA 之比大于 k 时，则可认为产生张拉型裂纹，反之则为剪切型裂纹。k 值的确定依赖于被测试对象的材料与结构，同时也与距离和传感器类型有关，具有一定的主观性。根据本文的试验结果，结合 AF 值和 RA 值的分布区间范围，取 $k = 5$ 进行热化改性花岗岩破裂模式的定性分析，得到热化改性花岗岩试件的声发射时序参数分布特征分别如图 4-25 ~ 图 4-28 所示。

自然干燥和水浸泡试件在不同温度下的 AF/RA 值分布分别如图 4-25 和图 4-26 所示，在各个温度梯度作用下，自然干燥试件均表现为张拉裂纹和剪切裂纹共同作用的复合型破裂模式，且以张拉破坏为主；随着热处理温度的升高，试件的剪切裂纹所占比例出现小幅度下降，但整体影响不是十分明显，即使在 600℃ 高温作用下依然具有较高的 RA 值。碱腐蚀试件除了在 600℃ 时基本完全转变为张拉破坏外，其余情况与自然干燥试件类似。

酸腐蚀和碱腐蚀试件在不同温度下的 AF/RA 值分布分别如图 4-27 和图 4-28 所示，可以看出，对于 25℃ 常温试件和 150℃ 热处理试件，主要以张拉裂纹和剪切裂纹共同作用的复合型破裂模式为主，且张拉裂纹占比更多；随着热处理温度

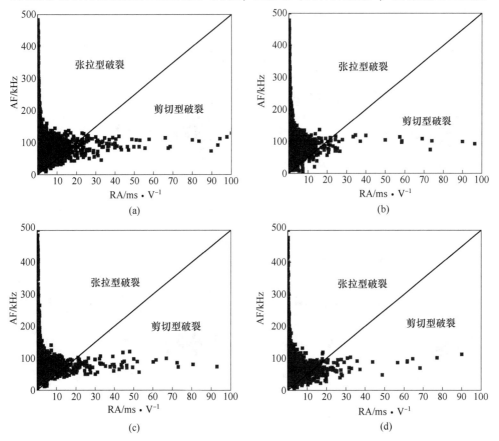

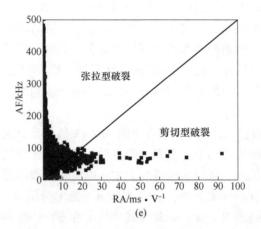

图 4-25　热处理温度对自然干燥花岗岩试件破裂模式的影响

(a) 25℃；(b) 150℃；(c) 300℃；(d) 450℃；(e) 600℃

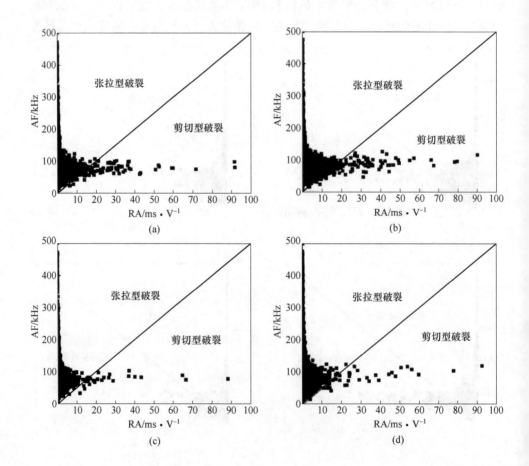

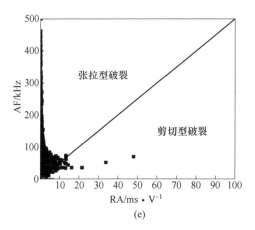

(e)

图 4-26 热处理温度对水浸泡花岗岩试件破裂模式的影响

(a) 25℃；(b) 150℃；(c) 300℃；(d) 450℃；(e) 600℃

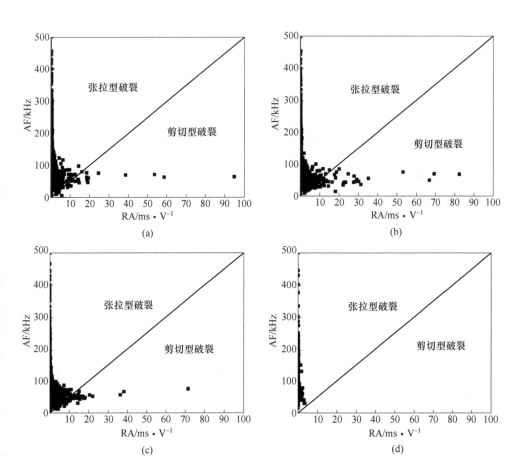

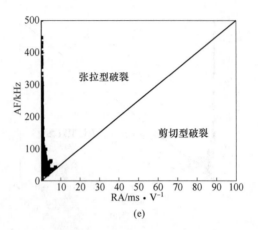

(e)

图 4-27 热处理温度对酸腐蚀花岗岩试件破裂模式的影响

(a) 25℃；(b) 150℃；(c) 300℃；(d) 450℃；(e) 600℃

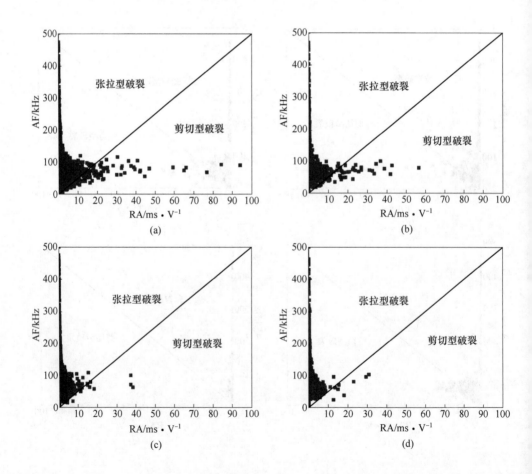

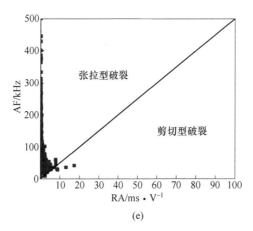

(e)

图 4-28　热处理温度对碱腐蚀花岗岩试件破裂模式的影响

(a) 25℃；(b) 150℃；(c) 300℃；(d) 450℃；(e) 600℃

的升高，RA 值持续降低，试件的剪切裂纹所占比例逐渐下降，在 450℃ 和 600℃ 高温作用下，酸腐蚀试件完全转变为张拉破坏；酸碱腐蚀试件的数据点完全向 AF 轴靠拢，RA 值几乎全部降低到个位数范围内，试件的破裂模式转变为完全张拉破坏；相较于自然干燥状态，水浸泡和酸碱腐蚀均会导致数据点总量的降低，AF 值和 RA 值信号较弱，意味着在较少裂纹的影响下试件即可发生完全破裂，说明高温和化学改性作用会加剧花岗岩试件的初始损伤，微裂纹发育导致试件抵抗外载变形的能力减弱。

微裂纹破裂模式的转变是影响宏观破坏形态的内在因素之一，热化改性花岗岩在单轴压缩作用后的宏观破坏形态见表 4-5。可以看出，热处理温度对热化改

表 4-5　热化改性花岗岩试件单轴压缩破坏形态

类型	热处理温度/℃				
	25	150	300	450	600
自然干燥					

类型	热处理温度/℃				
	25	150	300	450	600
水浸泡					
酸腐蚀					
碱腐蚀					

性试件的破坏模式影响较大，特别是在 600℃ 高温作用后，试件由脆性破坏转变为塑性破坏，自然干燥和水浸泡试件局部以粉末状岩屑的形式大面积剥落；化学溶液类型对常温花岗岩试件的破坏模式影响较小，宏观上均表现为局部的张拉破坏；但化学溶液类型对高温热处理后的试件影响较大，其中酸腐蚀试件会出现更大面积的塑性破坏区域，而碱腐蚀试件则并未形成宏观破裂面，以局部的张拉鼓起和剥落为主。

4.6 本章小结

本章基于单轴压缩试验，研究了热化改性花岗岩试件的宏观力学行为和损伤破裂过程，分析了不同化学改性试件的强度参数和变形参数随热处理温度的演化规律，基于能量理论、特征应力计算和声发射参数分析了试件破裂期间的能量演化规律和渐进破裂过程，通过建立能量脆性指标对热化改性花岗岩的脆-延性转化行为进行了评价，结合声发射时序参数对微裂纹破裂模式进行了讨论。主要结论如下：

（1）热化改性花岗岩的峰值强度和峰值轴向应变随温度的升高分别呈非线性下降和上升的变化趋势，花岗岩宏观力学参数出现突变的阈值温度为300℃；当温度达到450℃及以上时，热损伤对花岗岩强度的软化起主导作用，化学改性的影响占比则被弱化；弹性模量与温度之间满足统一形式的指数递减关系，泊松比在25~300℃范围内变化较小，在300℃以上与温度呈正相关，在600℃时超出定义范围。

（2）改性系数可用来反映热化改性花岗岩的强度软化特征，在相同化学改性条件下，高温改性系数随热处理温度的升高呈非线性下降，在300℃以内下降较为缓慢，之后快速降低；相同温度热处理后，自然干燥、酸腐蚀和水浸泡试件的高温改性系数较为接近，而碱腐蚀试件的高温改性系数则相对更小，说明碱腐蚀对初始高温热损伤更为敏感；化学改性系数随着初始热处理温度的升高呈现出一定的波动性，在25~300℃温度区间，化学改性系数从大到小依次为水浸泡>碱腐蚀>酸腐蚀，在300℃以上温度区间，试件的孔隙率逐渐增大，热损伤效应逐渐增强，各类溶液浸泡试件的化学改性系数逐渐接近，说明在此温度区间内试件强度的劣化以高温热损伤占主导地位，由溶液类型所引起的差异性相对较弱。

（3）延性系数无法有效反映热化改性花岗岩的脆-延性转化力学行为，而能量脆性指标能够综合考虑应力和应变的影响，可以更为全面地反映热化改性花岗岩的脆-延性转化行为；热化改性花岗岩储存弹性应变能的能力在25~150℃温度区间变化较小，在300℃及以上随温度升高逐渐减弱；由于矿物成分氧化分解和石英发生相变，600℃热处理试件的脆性对化学改性的敏感性变弱，此时热损伤对脆-延性转化起主导作用，因此可将600℃作为热化改性花岗岩产生脆-延性转化的温度阈值。

（4）高温热处理和化学改性作用均会加速微裂纹的扩展，导致花岗岩长期强度的降低；热化改性花岗岩在25~600℃温度范围内的裂隙起裂应力 σ_{ci} 为单轴抗压强度 σ_c 的0.2~0.4倍，裂隙损伤应力 σ_{cd} 为单轴抗压强度 σ_c 的0.6~0.8倍；σ_{ci} 和 σ_{cd} 均会随温度的升高而降低，区别在于，σ_{ci} 随着温度的升高近似呈线性下降，而 σ_{cd} 在 25～450℃ 范围内近似呈线性下降，在 450℃ 之后下降速率加快。

（5）热化改性花岗岩在 600℃ 热处理后的声发射活跃程度较低，表现出相对明显的延性变形特征；高温和化学改性作用会加剧花岗岩的初始损伤，导致声发射参数 AF 值和 RA 值信号较弱；化学溶液类型对热化改性花岗岩的破坏模式影响较大，自然干燥和水浸泡试件表现为张拉裂纹和剪切裂纹共同作用的复合型破裂模式，且随着热处理温度的升高，试件的剪切裂纹所占比例出现小幅度下降；酸腐蚀和碱腐蚀试件的微裂纹在 150℃ 以内为复合型破裂，在高温 450℃ 和 600℃ 作用下完全转变为张拉破裂。

5　热化改性花岗岩拉伸断裂力学特性研究

干热岩储层十分致密，在热储改造期间，通常需要将大量压裂液或化学刺激剂注入地下储层岩体，利用注水压力产生水力压裂或水力剪切作用，促进岩石天然裂隙的扩展和新裂隙的萌生，改善岩体渗透性能和水－岩热交换能力。此外，热刺激和化学刺激会进一步诱导岩石内部出现微裂纹，弱化岩石的抗断裂力学性能。一方面有助于减小水力压裂所需的注水压力，降低注水诱发区域性地震风险；另一方面可以增强裂缝的扩展和贯通能力，进而形成更大范围的人工裂隙网络。岩石的抗拉强度和断裂韧度可反映其抵抗裂纹萌生和扩展的能力，因此本章基于巴西劈裂试验和 I 型断裂韧度半圆弯拉试验，系统研究热化改性花岗岩的拉伸断裂力学特性。

5.1　试验设备及方案步骤

5.1.1　试验设备

采用型号为 TFD 20D 的岩石断裂力学试验系统配合相应夹具开展巴西劈裂试验和半圆弯拉试验，如图 5-1 所示。该试验机最大试验力为 20kN，控制精度级别为 1 级，位移控制精度可达到 0.05mm/min，满足本试验的加载速率要求。

(a)　　　　　　　　　　　(b)　　　　　　　　　　　(c)

图 5-1　岩石断裂力学试验系统与试验夹具

（a）岩石断裂力学试验系统；（b）巴西劈裂试验夹具；（c）半圆弯拉试验夹具

5.1.2 巴西劈裂试验方案

抗拉强度是评估岩石拉伸断裂性能的重要指标之一，通常采用室内巴西劈裂试验间接测定岩石试件的抗拉强度。根据 ISRM 建议标准，将热化改性花岗岩试件加工为厚度 25mm、直径 50mm 的圆盘。首先，将巴西圆盘试件安装在固定夹具中，利用位移控制方式调整试验机压头位置，当试件边缘与压头之间达到预接触状态后清零位移信息，之后以 0.1mm/min 的恒定加载速率对试件施加荷载，记录加载过程中的荷载和位移数据，直至试件发生破坏。巴西劈裂试验加载方式示意图如图 5-2 所示。

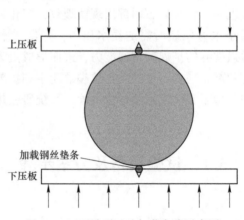

图 5-2 巴西劈裂试验加载方式示意图

5.1.3 半圆弯拉试验方案

断裂韧度反映了岩石抵抗宏观裂纹失稳扩展的能力，可采用半圆弯拉试验测定热化改性花岗岩试件的断裂韧度。根据 ISRM 建议标准，使用高精度金刚石线切割设备加工试件，加工时不断喷水对试件进行冷却，最大限度地避免可能影响断裂韧度的微观机械损伤和热损伤。如图 5-3 所示，将半圆弯拉试件加工为厚度和半径均为 25mm 的半圆盘，沿切面圆半径方向切割长 8mm、宽 0.3mm 的缺口，并确保缺口平面与厚度方向平面的垂直度偏离不大于 0.5°，沿厚度方向的平面平整至 0.01mm。

首先，将试件安装在半圆弯拉试验夹具中，两个支座间距为 40mm，利用位移控制方法调整试验机压头位置，当压头与试件上端之间达到预接触状态后，停止加载并清零位移与荷载信息。之后，通过点接触向试件上端施加荷载，加载速率保持在 0.05mm/min，加载期间实时记录试件的荷载和位移数据，直至试件发生破坏。

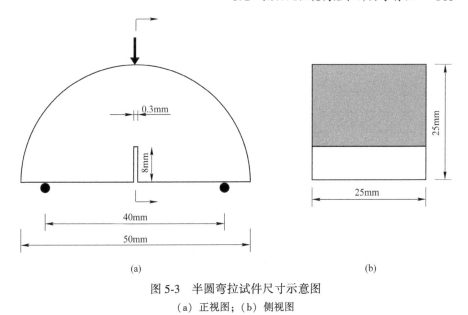

图 5-3 半圆弯拉试件尺寸示意图

（a）正视图；（b）侧视图

5.2 热化改性花岗岩拉伸力学特性

5.2.1 巴西劈裂荷载-位移曲线

热化改性花岗岩试件在巴西劈裂试验条件下的荷载-位移曲线如图 5-4 所示。曲线大致可分为 3 个阶段，在加载初期，受热化改性试件内部孔隙和裂隙压密的影响，曲线呈下凹型，且随着温度的升高持续时间占比变长；在压密后阶段，圆盘试件抵抗外力变形，荷载快速增长；当应力大于抗拉强度时，圆盘试件发生劈裂破坏，应力快速跌落。

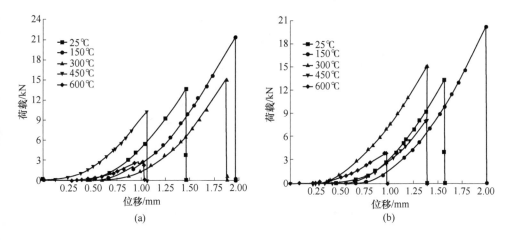

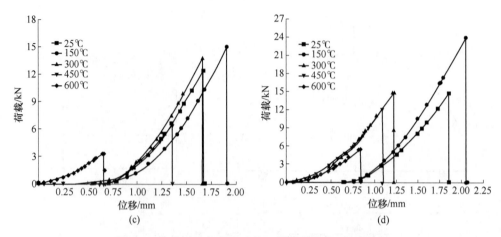

图 5-4　热化改性花岗岩试件巴西劈裂荷载–位移曲线
（a）自然干燥；（b）水浸泡；（c）酸腐蚀；（d）碱腐蚀

　　巴西劈裂试验条件下，热化改性花岗岩试件的峰值荷载随温度变化规律如图
5-5 所示，呈先上升后下降的变化趋势。结合前文机理研究结果可知，在 25 ~
150℃温度区间，由于岩石内部矿物颗粒晶体受热膨胀后会挤压岩石孔隙，导致
部分孔隙通道闭合，裂纹界面摩擦力增大，因此相较于常温试件，峰值荷载提升
显著。在 150~600℃温度区间，热应力达到了矿物晶粒所能承受的最大承载力，
晶粒或晶间破裂产生大量微裂纹，导致峰值荷载持续下降。在相同热处理温度
下，除 600℃外，峰值荷载从大到小依次为碱腐蚀>自然干燥>水浸泡>酸腐蚀
试件。

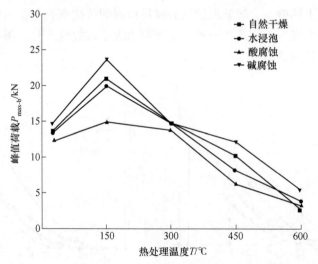

图 5-5　热化改性花岗岩试件巴西劈裂峰值荷载随温度变化规律

5.2.2 抗拉强度随温度变化规律

当圆盘试件处于径向集中荷载作用下，可简化为弹性力学中的平面应变问题，从而利用弹性力学理论解得圆盘中心处的拉应力为

$$\sigma_t = \frac{2p_{max-b}}{\pi D_b t_b} \tag{5-1}$$

式中　σ_t ——抗拉强度，MPa；

　　p_{max-b} ——巴西劈裂峰值荷载，kN；

　　D_b，t_b ——分别为巴西圆盘试件的直径和厚度，mm。

热化改性花岗岩试件的抗拉强度计算结果见表 5-1。抗拉强度随温度变化曲线如图 5-6 所示。由于圆盘试件的尺寸变化较小，因此抗拉强度与峰值荷载具有近乎相同的变化趋势，即随温度的升高先上升后下降。在相同热处理温度下，除600℃外，抗拉强度从大到小依次为碱腐蚀>自然干燥>水浸泡>酸腐蚀试件。这表明，水浸泡和酸腐蚀会进一步降低花岗岩的抗拉强度，而碱腐蚀引起的孔隙填充作用则能够在一定程度上提高花岗岩的抗拉性能。当热处理温度为600℃时，不同化学浸泡条件下花岗岩试件的抗拉强度差距缩小，此时高温作用是影响花岗岩抗拉强度的主要因素。

表 5-1　热化改性花岗岩试件抗拉强度计算结果

试件编号	温度/℃	试件类型	D_b/mm	t_b/mm	p_{max-b}/kN	σ_t/MPa
N-B0	25		50.01	25.00	13.61	6.933
N-B1	150		49.47	25.07	21.14	10.854
N-B2	300	自然干燥	49.99	25.09	14.99	7.611
N-B3	450		49.7	25.07	10.20	5.213
N-B4	600		50.55	25.20	2.71	1.356
TW-B0	25		49.3025	24.96	13.30	6.880
TW-B1	150		49.26	25.03	20.11	10.385
TW-B2	300	水浸泡	49.234	25.08	15.02	7.746
TW-B3	450		49.465	25.10	8.17	4.187
TW-B4	600		49.54	25.18	3.93	2.007
TH-B0	25		49.27	25.03	12.40	6.403
TH-B1	150		49.39	25.06	14.98	7.706
TH-B2	300	酸腐蚀	49.45	25.05	13.77	7.652
TH-B3	450		49.47	25.09	6.32	3.243
TH-B4	600		49.66	25.18	3.31	1.685

续表 5-1

试件编号	温度/℃	试件类型	D_b/mm	t_b/mm	p_{max-b}/kN	σ_t/MPa
TN-B0	25		49.49	25.05	14.76	7.579
TN-B1	150		49.35	25.09	23.88	12.279
TN-B2	300	碱腐蚀	49.82	24.79	14.84	7.652
TN-B3	450		49.49	25.07	12.23	6.277
TN-B4	600		49.6	25.17	5.56	2.834

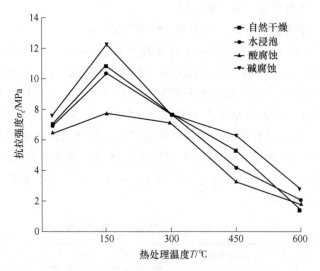

图 5-6 热化改性花岗岩试件抗拉强度随温度变化规律

5.2.3 巴西劈裂破坏模式分析

岩石破坏形态是变形过程和裂隙扩展结果的最终呈现形式,分析岩石的破坏形态有利于进一步揭示其破坏机制。热化改性花岗岩试件在巴西劈裂试验条件下的破坏形态见表 5-2,可分为径向分裂、端部楔形破坏和中部压碎带破裂 3 种类型,见表 5-3。

表 5-2 热化改性花岗岩试件巴西劈裂破坏形态

温度/℃	自然干燥	水浸泡	酸腐蚀	碱腐蚀
25				

温度/℃	自然干燥	水浸泡	酸腐蚀	碱腐蚀
150				
300				
450				
600				

表 5-3 巴西圆盘劈裂破坏模式分类

破坏模式	破坏形态	特 点
径向分裂		荷载作用下，试件沿加载轴中心贯穿，开裂为 2 个半圆盘
端部楔形破坏		在加载过程中受到夹具摩擦挤压的影响，裂纹从上下两端加载点开始沿着加载轴扩展，最终形成"V"字形破坏形态

破坏模式	破坏形态	特　　点
中部压碎带破裂		圆盘试件在两端形成破碎区，圆盘中心形成一定宽度的破碎带

　　花岗岩圆盘试件结构致密，因此破坏模式以径向分裂和端部楔形破坏为主。径向分裂的破坏路径主要沿加载轴贯穿，圆盘试件被近似等分为两半，几乎不产生岩石碎屑，呈现出典型的脆性破坏特征。端部楔形破坏主要由于在加载过程中受到夹具摩擦挤压，圆盘试件端部出现"V"字形缺口。随着热处理温度的升高，花岗岩逐渐由脆性向延性转化，部分圆盘试件出现中部压碎带破裂，破坏时的裂隙扩展路径也变得更加复杂。

5.3　热化改性花岗岩断裂力学特性

5.3.1　半圆弯拉荷载-位移曲线

　　热化改性花岗岩试件在半圆弯拉试验条件下的荷载-位移曲线如图 5-7 所示。曲线大致可分为 3 个阶段，在加载初期，荷载-位移曲线近似呈下凹型，该阶段持续时间很短；第 2 阶段以半圆盘试件抵抗外力变形为主，荷载随位移的增加近似呈线性递增关系，该阶段持续时间最长；峰后破坏阶段的荷载-位移曲线受温度影响较为明显，25~450℃热处理试件对应的曲线表现为快速跌落，而 600℃ 热处理试件的峰后荷载下降较为缓慢，破坏后并没有迅速丧失强度而发生应力跌落，具有典型的延性断裂特征。

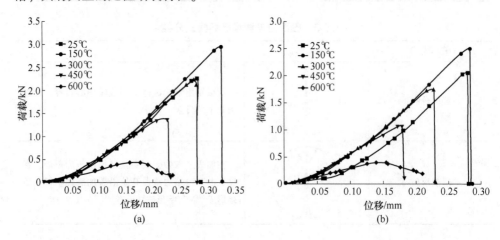

(a)   (b)

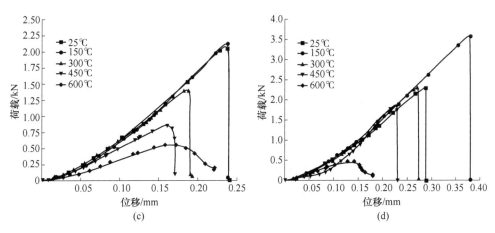

图 5-7 热化改性花岗岩试件半圆弯拉荷载–位移曲线

（a）自然干燥；（b）水浸泡；（c）酸腐蚀；（d）碱腐蚀

半圆弯拉试验条件下，热化改性花岗岩试件的峰值荷载随温度变化规律如图 5-8 所示，表现为在 25~150℃温度区间内先增大、在 150~600℃温度区间持续减小的变化趋势。在相同热处理温度下，除 600℃外，峰值荷载从大到小依次为碱腐蚀>自然干燥>水浸泡>酸腐蚀试件。在 600℃高温作用下，不同化学浸泡试件的峰值荷载几乎一致。相较于同类化学浸泡条件下的常温试件，热处理温度为 150℃时，自然干燥、水浸泡、酸腐蚀和碱腐蚀试件的峰值荷载分别提高了 30.25%、21.69%、2.60% 和 55.12%。当热处理温度达到 600℃后，峰值荷载仅有 150℃热处理试件的 14.93%、15.99%、26.10% 和 13.30%。

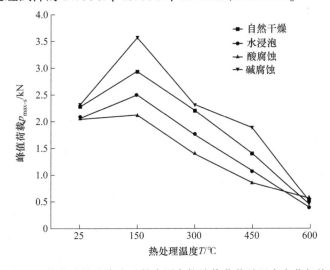

图 5-8 热化改性花岗岩试件半圆弯拉峰值荷载随温度变化规律

5.3.2　断裂韧度随温度变化规律

岩石断裂的基本类型分为 3 种，即张开型裂纹（Ⅰ型）、滑开型裂纹（Ⅱ型）和撕开型裂纹（Ⅲ型）。其中，Ⅰ型裂纹是工程岩体中最常见和最危险的断裂模式，其断裂韧度可通过下式进行计算：

$$K_{\mathrm{I C}} = \frac{p_{\max-\mathrm{s}}\sqrt{\pi a_0}}{D_{\mathrm{s}} t_{\mathrm{s}}} Y_1 \tag{5-2}$$

$$Y_1 = -1.297 + 9.516(S/D_{\mathrm{s}}) - [0.47 + 16.457(S/D_{\mathrm{s}})]\beta +$$
$$[1.071 + 34.401(S/D_{\mathrm{s}})]\beta^2 \tag{5-3}$$

$$\beta = \frac{2a_0}{D_{\mathrm{s}}} \tag{5-4}$$

式中　$K_{\mathrm{I C}}$——Ⅰ型断裂韧度，MPa·m$^{0.5}$；

$\quad$ $p_{\max-\mathrm{s}}$——半圆弯拉峰值荷载，kN；

$\quad$ Y_1——无量纲应力强度因子，与试件尺寸有关；

$\quad$ D_{s}，t_{s}——分别为半圆弯拉试件的直径和厚度，mm；

$\quad$ S——底部左右支撑点之间距离的一半，mm；

$\quad$ a_0——预制裂缝的长度，mm。

热化改性花岗岩试件的断裂韧度计算结果见表 5-4，断裂韧度随温度变化曲线如图 5-9 所示。由于半圆弯拉试件的尺寸变化较小，因此断裂韧度与峰值荷载具有近乎相同的变化趋势，即随温度的升高先上升后下降，意味着花岗岩抵抗裂纹萌生和扩展的能力先增强后减弱。当热处理温度为 150℃时，自然干燥试件的断裂韧度为 1.711MPa·m$^{0.5}$，当热处理温度达到 600℃后，断裂韧度下降至 0.274MPa·m$^{0.5}$，仅为 150℃时的 16.01%。

表 5-4　热化改性花岗岩试件断裂韧度计算结果

试件编号	温度/℃	试件类型	a_0/mm	D_{s}/mm	t_{s}/mm	$p_{\max-\mathrm{s}}$/kN	Y_1	$K_{\mathrm{I C}}$ /MPa·m$^{0.5}$
N-F0	25		7.98	49.72	25.20	2.277	4.920	1.416
N-F1	150		7.80	51.11	24.87	2.966	4.684	1.711
N-F2	300	自然干燥	8.03	49.89	25.13	2.215	4.903	1.376
N-F3	450		7.93	50.11	24.88	1.395	4.851	0.857
N-F4	600		7.97	49.76	25.21	0.443	4.912	0.274
TW-F0	25		8.19	50.21	25.58	2.064	4.884	1.259
TW-F1	150	水浸泡	8.21	49.83	24.83	2.512	4.949	1.614
TW-F2	300		7.92	49.80	24.80	1.758	4.889	1.095

试件编号	温度/℃	试件类型	a_0/mm	D_s/mm	t_s/mm	p_{max-s}/kN	Y_1	K_{IC}/MPa·m$^{0.5}$
TW-F3	450	水浸泡	8.10	49.98	24.19	1.078	4.902	0.697
TW-F4	600		7.89	50.01	25.16	0.402	4.859	0.244
TH-F0	25	酸腐蚀	8.12	50.18	24.97	2.067	4.875	1.285
TH-F1	150		7.99	50.04	25.01	2.121	4.872	1.308
TH-F2	300		8.03	49.87	24.86	1.403	4.906	0.882
TH-F3	450		8.13	50.07	24.87	0.860	4.894	0.540
TH-F4	600		7.96	49.98	25.23	0.553	4.876	0.338
TN-F0	25	碱腐蚀	7.94	49.87	25.03	2.312	4.889	1.430
TN-F1	150		7.87	50.31	26.15	3.587	4.804	2.054
TN-F2	300		8.01	50.01	24.79	2.319	4.893	1.454
TN-F3	450		8.03	50.39	25.02	1.881	4.826	1.144
TN-F4	600		7.94	49.57	26.01	0.477	4.936	0.288

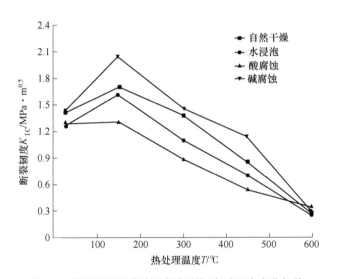

图 5-9 热化改性花岗岩试件断裂韧度随温度变化规律

在相同热处理温度下，除 600℃外，断裂韧度从大到小依次为碱腐蚀>自然干燥>水浸泡>酸腐蚀试件。当热处理温度为 600℃时，不同化学浸泡条件下花岗岩试件的断裂韧度差距缩小，表明当热处理温度较低时，化学作用对花岗岩断裂韧度影响较大，而当热处理温度增高至 600℃时，花岗岩断裂韧度主要受高温作用的影响。

5.4 本章小结

本章基于巴西劈裂试验和半圆弯拉试验分别研究了热化改性花岗岩试件的拉伸特性和断裂韧性，对比分析了不同化学浸泡条件下抗拉强度和断裂韧度随热处理温度的变化规律，主要结论如下：

（1）根据巴西劈裂试验结果，随着热处理温度的升高，热化改性花岗岩的抗拉强度在 $25 \sim 150\,^\circ\!C$ 温度区间先增大，之后在 $150 \sim 600\,^\circ\!C$ 温度区间逐渐减小。在较低热处理温度水平，抗拉强度从大到小依次为碱腐蚀>自然干燥>水浸泡>酸腐蚀试件。当热处理温度为 $600\,^\circ\!C$ 时，不同化学浸泡条件下花岗岩试件的抗拉强度差距缩小，此时高温作用替代化学作用成为影响花岗岩抗拉强度的主要因素。

（2）巴西圆盘试件的破坏模式以径向分裂和端部楔形破坏为主，随着热处理温度的升高，花岗岩逐渐由脆性向延性转化，部分圆盘试件出现中部压碎带破裂，破坏时的裂隙扩展路径变得更加复杂。

（3）根据半圆弯拉试验结果，随着热处理温度的升高，热化改性花岗岩的断裂韧度在 $25 \sim 150\,^\circ\!C$ 温度区间先增大，之后在 $150 \sim 600\,^\circ\!C$ 温度区间逐渐减小。$150\,^\circ\!C$ 热处理能够增强花岗岩试件抵抗裂纹萌生和扩展的能力，而 $600\,^\circ\!C$ 热处理试件的峰后荷载下降较为缓慢，破坏后并没有迅速丧失强度而发生应力跌落，具有典型的延性断裂特征。

（4）在较低热处理温度水平，化学作用对花岗岩断裂韧度影响较大，断裂韧度从大到小依次为碱腐蚀>自然干燥>水浸泡>酸腐蚀试件。当热处理温度为 $600\,^\circ\!C$ 时，不同化学浸泡条件下花岗岩试件的断裂韧度差距缩小，高温作用对断裂韧度的影响更加显著。

6 热化改性花岗岩损伤本构模型及试验验证

通过推导统计损伤本构模型，可以建立热化改性花岗岩微细观损伤与宏观力学行为之间的数学联系，并可为构建更加准确的数值计算模型和工程方案论证提供重要的理论支撑。本章基于损伤力学理论，提出一种考虑热化改性初始损伤与加载期间微元破裂损伤相结合的统计损伤本构模型；之后，引入压密系数对高温影响下的化学改性花岗岩本构关系进行修正，使修正本构模型能够更好地反映热损伤作用在初始非线性压密阶段引起的孔隙结构劣化效应；最后，由单轴及三轴压缩试验应力–应变曲线对模型的有效性进行对比和验证，探讨温度和化学溶液类型对损伤演化过程的影响，同时对本构模型的适用性和压密系数的敏感性进行讨论。

6.1 损伤本构方程推导

Kachanov 提出用连续度的概念描述材料的逐渐衰变，该思想为损伤力学的建立和发展起到了推动作用。该理论考虑一均匀受拉的直杆，认为材料劣化的主要机制是由于微缺陷导致的有效承载面积的减小，将连续度定义为有效承载面积与无损状态下的横截面面积之比，即

$$\psi = \frac{\tilde{A}}{A} \tag{6-1}$$

式中　A ——材料在无损状态时的横截面面积，m^2；

　　　$\tilde{A}$ ——损伤后的有效承载面积，m^2；

　　　ψ ——连续度，是一个无量纲的标量场变量，$\psi = 1$ 对应于不存在任何损伤的理想状态，$\psi = 0$ 对应于没有任何承载能力的完全破坏状态。

将外加载荷 F 与有效承载面积 $\tilde{A}$ 之比定义为有效应力 $\tilde{\sigma}$，即

$$\tilde{\sigma} = \frac{F}{\tilde{A}} = \frac{\sigma}{\psi} \tag{6-2}$$

式中　σ ——Cauchy 应力，是外加载荷 F 与无损面积 A 的比值。

之后，Rabotnov 提出用损伤因子 D 描述损伤，将其定义为

$$D = 1 - \psi = \frac{A - \tilde{A}}{A} \tag{6-3}$$

对于完全无损状态，$D = 0$；对于完全丧失承载能力的状态，$D = 1$。于是可以得到有效应力 $\tilde{\sigma}$ 与损伤因子 D 之间的关系为

$$\tilde{\sigma} = \frac{\sigma}{1 - D} \tag{6-4}$$

根据 Lemaitre 应变等价性假设，认为损伤单元在名义应力作用下的应变响应与无损单元在有效应力作用下的应变响应相同，在外力作用下受损材料的本构关系可采用无损时的形式，只需要把其中的 Cauchy 应力替换成有效应力即可，即

$$\varepsilon = \frac{\tilde{\sigma}}{E} = \frac{\sigma}{\tilde{E}} \tag{6-5}$$

式中　E，$\tilde{E}$——分别为无损材料和受损材料的弹性模量。

因此，可以建立基本损伤本构方程：

$$\sigma = \tilde{\sigma}(1 - D) = E\varepsilon(1 - D) \tag{6-6}$$

由前文的研究结果可知，高温作用和化学浸泡均会对花岗岩材料造成损伤，进而影响到花岗岩的宏观力学性能。具体而言，热化改性花岗岩在加载期间的损伤主要包含 3 个方面：(1) 花岗岩试件自身存在的天然微缺陷损伤，即基准损伤状态；(2) 高温水冷作用和化学浸泡作用引起的热化作用损伤，即热化损伤状态；(3) 加载过程中，微孔洞和微裂纹萌生及扩展形成的损伤，即加载损伤状态。试件的最终破坏是这 3 种损伤相互叠加或耦合的结果，通过定义损伤变量表征热化改性花岗岩材料或结构劣化程度的量度，有助于研究试件内部的损伤演化过程。

张全胜等将岩石的天然损伤定义为基准损伤状态，提出推广后的应变等价原理：材料受到力 F 的作用，损伤产生扩展，任取其中的 2 种损伤状态，则材料在第 1 种损伤状态下的有效应力作用于第 2 种损伤状态引起的应变等价于材料在第 2 种损伤状态下的有效应力作用于第 1 种损伤状态引起的应变，即

$$\varepsilon = \frac{\sigma^{(1)}}{E^{(2)}} = \frac{\sigma^{(2)}}{E^{(1)}} \tag{6-7}$$

式中　$\sigma^{(1)}$，$\sigma^{(2)}$——分别为第 1 种和第 2 种损伤状态下的有效应力；

$E^{(1)}$，$E^{(2)}$——分别对应为第 1 种和第 2 种损伤状态的弹性模量。

根据推广后的应变等价原理，不妨将岩石的基准损伤状态作为第 1 种损伤状态，热化损伤后的状态作为第 2 种损伤状态，于是有

$$\varepsilon = \frac{\sigma_c}{E_0} = \frac{\sigma_0}{E_c} = \frac{\sigma_0}{E_0(1 - D_{T-C})} \tag{6-8}$$

式中　σ_0，σ_c——分别为基准损伤状态和热化损伤状态的有效应力；

E_0，E_c——分别对应为基准损伤状态和热化损伤状态的弹性模量；

D_{T-C}——热化耦合损伤变量。

因此可得到热化损伤状态的基本损伤本构方程为：

$$\sigma_0 = \sigma_c(1 - D_{T-C}) = E_0\varepsilon(1 - D_{T-C}) \tag{6-9}$$

于是得到弹性模量 E_0 和 E_c 之间的关系式为

$$E_c = E_0(1 - D_{T-C}) \tag{6-10}$$

同理，将热化损伤后的状态作为第 1 种损伤状态，热化损伤后加载引起的损伤状态作为第 2 种损伤状态，再次应用推广后的应变等价原理，可得材料内部热化损伤与加载受荷损伤共同作用下的本构关系为

$$\sigma^* = E_c\varepsilon(1 - D_{\text{load}}) \tag{6-11}$$

式中　σ^*——热化损伤后加载期间的有效应力；

D_{load}——加载引起的损伤变量。

联立式（6-10）和式（6-11），可得用热化损伤变量和加载损伤变量表示的热化作用试件应力-应变关系为

$$\sigma^* = E_0(1 - D_{T-C})(1 - D_{\text{load}})\varepsilon = E_0\varepsilon(1 - D) \tag{6-12}$$

式中　D——热化作用试件在加载期间的总损伤变量。

可以看出，总损伤变量 D 是初始热化损伤和加载损伤相互叠加或耦合的结果，有

$$D = D_{T-C} + D_{\text{load}} - D_{T-C}D_{\text{load}} \tag{6-13}$$

式中　$D_{T-C} + D_{\text{load}}$——叠加项；

$D_{T-C}D_{\text{load}}$——耦合项。

下面将分别对热化损伤变量和加载损伤变量进行定义和求解。

6.1.1　热化损伤变量

根据损伤力学中的宏观唯象学方法，岩石宏观物理性能的响应能够代表材料内部的劣化程度。材料的弹性模量在热化作用前后更便于分析和测量，由式（6-10）可将岩石热化损伤变量定义为：

$$D_{T-C} = 1 - \frac{E_{T-C}}{E_0} \tag{6-14}$$

从前文分析结果可知，热化改性花岗岩的弹性模量与温度之间满足以下统一形式的指数函数关系：

$$E_{T-C} = E_0 - A_0 e^{A_t(T - T_{25})} \tag{6-15}$$

于是可以得到热化损伤变量与温度之间的关系式为：

$$D_{T-C} = \frac{A_0}{E_0}e^{A_t\Delta T} \tag{6-16}$$

6.1.2　加载损伤变量

加载损伤主要由加载期间岩石材料微元的失效破坏引起的，将加载损伤变量

D_{load} 定义为失效的微元数量 N_d 与微元总数 N_t 的比值，可得

$$D_{load} = \frac{N_d}{N_t} \tag{6-17}$$

微元的破坏同样满足强度准则，可以表示为

$$f(\sigma^*) - K_0 = S - K_0 = 0 \tag{6-18}$$

式中 $f(\sigma^*)$——有效应力的某种组合函数，可用微元强度分布变量 S 表示；

K_0——常数，代表岩石材料的强度。

当微元的应力组合达到其强度时，即发生失效破坏。岩石本身即是一种非均质性材料，破坏微元的分布具有随机性，因此采用统计损伤力学的方法研究加载期间微元破坏引起的损伤更为合理。在任意载荷水平作用下，累计失效微单元的总数量为加载区间内所有随机分布的破坏微单元的积分，即

$$N_d = \int_0^S N_t P(x) \, dx = N_t \int_0^S P(x) \, dx \tag{6-19}$$

式中 x——分布变量；

$P(x)$——概率分布函数。

于是可以得到损伤变量 D_{load} 的表达式为

$$D_{load} = \frac{N_d}{N_t} = \int_0^S P(x) \, dx \tag{6-20}$$

假定花岗岩微元的强度失效概率满足 Weibull 分布函数：

$$P(x) = \begin{cases} \dfrac{m}{S_0}\left(\dfrac{x}{S_0}\right)^{m-1} \exp\left[-\left(\dfrac{x}{S_0}\right)^m\right] & x > 0 \\ 0 & x \leqslant 0 \end{cases} \tag{6-21}$$

式中 m, S_0——分别为反映微单元集中程度和强度大小的 Weibull 参数。

将分布函数代入式（6-20）中，积分得到加载损伤变量 D_{load} 的表达式为

$$D_{load} = 1 - \exp\left[-\left(\frac{S}{S_0}\right)^m\right] \tag{6-22}$$

采用 Drucker-Prager 强度准则确定岩石微元强度分布变量 S，并对 Weibull 分布参数 m 和 S_0 的值进行求解。

Drucker-Prager 强度准则表达式为

$$S - K_0 = \alpha_0 I_1 + \sqrt{J_2} - k = 0 \tag{6-23}$$

$$I_1 = \sigma_1^* + \sigma_2^* + \sigma_3^* \tag{6-24}$$

$$J_2 = \frac{1}{6}\left[(\sigma_1^* - \sigma_2^*)^2 + (\sigma_2^* - \sigma_3^*)^2 + (\sigma_3^* - \sigma_1^*)^2\right] \tag{6-25}$$

$$\alpha_0 = \frac{\sin\varphi}{\sqrt{9 + 3\sin^2\varphi}} \tag{6-26}$$

$$k = \frac{3c\cos\varphi}{\sqrt{9 + 3\sin^2\varphi}} \quad (6\text{-}27)$$

式中　I_1——应力张量第一不变量；

　　　J_2——应力偏张量第二不变量；

　α_0，k——材料参数；

　　　φ——岩石材料的内摩擦角。

引入应变等价性假设，由有效主应力 σ^* 替换线弹性 Hooke 定律中的表观主应力，可得主应变表达式为

$$\varepsilon_1 = \frac{1}{E_{\text{T-C}}}[\sigma_1^* - \mu(\sigma_2^* + \sigma_3^*)] \quad (6\text{-}28)$$

常规三轴压缩作用下，$\sigma_2^* = \sigma_3^*$，于是有：

$$\varepsilon_1 = \frac{\sigma_1^* - 2\mu\sigma_3^*}{E_{\text{T-C}}} \quad (6\text{-}29)$$

由式（6-11）可知：

$$\sigma_1^* = \frac{\sigma_1}{1 - D_{\text{load}}} \quad (6\text{-}30)$$

$$\sigma_2^* = \sigma_3^* = \frac{\sigma_3}{1 - D_{\text{load}}} \quad (6\text{-}31)$$

将式（6-30）和式（6-31）代入式（6-29）中，可以得到如下本构关系：

$$\sigma_1 - 2\mu\sigma_3 = E_{\text{T-C}}\varepsilon_1(1 - D_{\text{load}}) \quad (6\text{-}32)$$

将式（6-30）和式（6-31）代入式（6-24）和式（6-25）中，可以得到：

$$I_1 = \frac{\sigma_1 + 2\sigma_3}{1 - D_{\text{load}}} = \frac{\sigma_1 + 2\sigma_3}{\sigma_1 - 2\mu\sigma_3}E_{\text{T-C}}\varepsilon_1 \quad (6\text{-}33)$$

$$\sqrt{J_2} = \frac{\sigma_1 - \sigma_3}{\sqrt{3}(1 - D_{\text{load}})} = \frac{\sigma_1 - \sigma_3}{\sqrt{3}(\sigma_1 - 2\mu\sigma_3)}E_{\text{T-C}}\varepsilon_1 \quad (6\text{-}34)$$

于是可以求出岩石微元强度分布变量 S 的表达式为

$$S = \alpha_0 I_1 + \sqrt{J_2} = \frac{E_{\text{T-C}}\varepsilon_1}{\sigma_1 - 2\mu\sigma_3}\left[\alpha_0(\sigma_1 + 2\sigma_3) + \frac{1}{\sqrt{3}}(\sigma_1 - \sigma_3)\right] \quad (6\text{-}35)$$

通过对式（6-32）进行变换形式可以得到加载损伤变量 D_{load} 的表达式

$$D_{\text{load}} = 1 - \frac{\sigma_1 - 2\mu\sigma_3}{E_{\text{T-C}}\varepsilon_1} \quad (6\text{-}36)$$

式（6-36）与式（6-22）是等价的，即

$$D_{\text{load}} = 1 - \exp\left[-\left(\frac{S}{S_0}\right)^m\right] = 1 - \frac{\sigma_1 - 2\mu\sigma_3}{E_{\text{T-C}}\varepsilon_1} \quad (6\text{-}37)$$

将式（6-35）的微元强度分布变量 S 代入式（6-37）中，化简可得

$$S_0 \left[-\ln\left(\frac{\sigma_1 - 2\mu\sigma_3}{E_{T-C}\varepsilon_1}\right) \right]^{\frac{1}{m}} - \frac{E_{T-C}\varepsilon_1}{\sigma_1 - 2\mu\sigma_3}\left[\alpha_0(\sigma_1 + 2\sigma_3) + \frac{1}{\sqrt{3}}(\sigma_1 - \sigma_3) \right] = 0$$

$$(6\text{-}38)$$

式（6-38）为 ε_1 与 σ_1 之间的隐函数关系，可用隐式方程表示为

$$F(\varepsilon_1, \sigma_1) = 0 \qquad (6\text{-}39)$$

因此，式（6-38）即为常规三轴压缩条件下基于 Weibull 分布的统计损伤本构方程。

对于单轴压缩试验，$\sigma_2^* = \sigma_3^* = 0$，式（6-38）可以简化为

$$\sigma_1 = E_{T-C}\varepsilon_1 \exp\left\{ -\left[\frac{E_{T-C}\varepsilon_1}{S_0}\left(\alpha_0 + \frac{1}{\sqrt{3}} \right) \right]^m \right\} \qquad (6\text{-}40)$$

式（6-40）即为单轴压缩条件下基于 Weibull 分布的统计损伤本构方程。

强度参数 c 和 φ 可以通过真实的岩石力学试验获得，而 Weibull 分布参数 m 和 S_0 可以通过线性回归法、灾变理论和峰值点法等进行确定。对于岩石的压缩应力-应变曲线，其中最重要的特征点为峰值点，可以反映岩石的抗压强度和峰值应变。因此，本书通过峰值点法对统计损伤本构模型的参数进行求解。在应力-应变曲线的峰值点处，存在以下关系：

$$\left.\frac{d\sigma_1}{d\varepsilon_1}\right|_{\varepsilon_1 = \varepsilon_p} = 0 \qquad (6\text{-}41)$$

$$\left.\sigma_1\right|_{\varepsilon_1 = \varepsilon_p} = \sigma_p \qquad (6\text{-}42)$$

式中 ε_p，σ_p ——分别为峰值应力和峰值应变。

对式（6-40）的本构模型取相对于所述单轴应变 ε_1 的导数，有

$$\frac{d\sigma_1}{d\varepsilon_1} = E_{T-C}\exp\left[-\left(\frac{S}{S_0}\right)^m \right]\left[1 - \frac{mS^{m-1}}{S_0^m}\left(\alpha_0 + \frac{1}{\sqrt{3}} \right)E_{T-C}\varepsilon_1 \right] \qquad (6\text{-}43)$$

由式（6-35）求出在峰值点处的微元强度分布变量 S_p，可得

$$S_p = \left(\alpha_0 + \frac{1}{\sqrt{3}} \right)E_{T-C}\varepsilon_p \qquad (6\text{-}44)$$

代入峰值条件关系式（6-41）和式（6-42）中，可得

$$\frac{d\sigma_p}{d\varepsilon_p} = E_{T-C}\exp\left[-\left(\frac{S_p}{S_0}\right)^m \right]\left(1 - \frac{mS_p^m}{S_0^m} \right) = 0 \qquad (6\text{-}45)$$

于是可以得到

$$S_0 = S_p m^{1/m} \qquad (6\text{-}46)$$

峰值处的应力-应变关系可以表示为

$$\sigma_p = E_{T-C}\varepsilon_p \exp\left[-\left(\frac{S_p}{S_0}\right)^m \right] \qquad (6\text{-}47)$$

将式 (6-47) 代入式 (6-45)，求得 Weibull 参数 m 的表达式为

$$m = 1/\ln(E_{T-C}\varepsilon_p/\sigma_p) \tag{6-48}$$

将 m 代入式 (6-46) 即可得到 Weibull 参数 S_0 为

$$S_0 = S_p m^{1/m} = S_p[1/\ln(E_{T-C}\varepsilon_p/\sigma_p)]^{\ln(E_{T-C}\varepsilon_p/\sigma_p)} \tag{6-49}$$

同理，通过对式 (6-38) 的隐函数求导，基于峰值点法求得三轴压缩作用下的 Weibull 分布参数 m 和 S_0 分别为

$$m = \left(\ln \frac{E_{T-C}\varepsilon_p}{\sigma_p - 2\mu\sigma_3}\right)^{-1} \tag{6-50}$$

$$S_0 = S_p m^{1/m} = S_p\left[\left(\ln \frac{E_{T-C}\varepsilon_p}{\sigma_p - 2\mu\sigma_3}\right)^{-1}\right]^{\ln\frac{E_{T-C}\varepsilon_p}{\sigma_p - 2\mu\sigma_3}} \tag{6-51}$$

$$S_p = \frac{E_{T-C}\varepsilon_p}{\sigma_p - 2\mu\sigma_3}\left[\alpha_0(\sigma_p + 2\sigma_3) + \frac{1}{\sqrt{3}}(\sigma_p - \sigma_3)\right] \tag{6-52}$$

6.1.3 热化损伤本构方程修正

从应力-应变曲线可以看出，无论是高温热损伤还是化学腐蚀损伤，在压缩变形初期均会出现非线性压密阶段，但热损伤引起的非线性压密更为显著。Liu 等在开展砂质泥岩和粉砂岩循环加卸载试验时，发现此类典型的高孔隙岩石具有较强的压密性，于是提出压密系数 δ 的概念用来量化加载期间高孔隙岩石的压密程度。高温作用后的花岗岩孔隙率增大，因此，通过引入压密系数 δ 对热化改性花岗岩的本构关系进行修正，修正后的三轴和单轴压缩损伤本构方程如下：

$$\sigma_1 = \delta E_0\varepsilon_1(1 - D) + 2\mu\sigma_3 \tag{6-53}$$

$$\sigma_1 = \delta E_0\varepsilon_1(1 - D) \tag{6-54}$$

压密系数 δ 可按下式取值：

$$\begin{cases} \delta = \log_n\left[\frac{(n-1)\varepsilon}{\varepsilon_{cd}} + 1\right] & \varepsilon < \varepsilon_p \\ \delta = 1 & \varepsilon \geqslant \varepsilon_p \end{cases} \tag{6-55}$$

式中　　ε_{cd}——屈服应力对应的应变；

n——常数，与压密阶段的应力-应变曲线弯曲程度有关，$n>0$ 且 $n \neq 1$。

6.2 损伤本构模型验证

表 6-1 给出了热化改性花岗岩试件在单轴压缩作用下的统计损伤本构模型参数，图 6-1~图 6-4 分别给出了不同热化改性花岗岩单轴应力-应变曲线拟合对比结果。从拟合曲线的对比结果可以看出，在没有明显热损伤的情况下，即 25℃

常温试件和150℃热处理试件，未修正的统计损伤本构模型能够较好地拟合真实的应力-应变关系。随着温度的升高热损伤效应不断加强，初始非线性压密阶段越来越明显，未修正的本构模型逐渐与真实的应力-应变曲线相偏离，且温度越高偏离幅度越大，此时已无法通过该模型反映真实的岩石本构关系。在300℃及以上温度热损伤条件下，考虑初始压密阶段的修正统计损伤本构模型则能够很好地拟合真实应力-应变关系，即使是在没有明显热损伤的条件下，其拟合效果依然优于未修正的本构模型。拟合曲线的对比结果表明，本书提出的考虑初始非线性压密的统计损伤本构模型可以合理地反映热化改性花岗岩的应力-应变关系。

表 6-1 热化改性花岗岩试件单轴压缩统计损伤本构模型参数

试件编号	温度/℃	试件类型	峰值强度/MPa	峰值应变/%	弹性模量/GPa	m	S_0	n
N-U0	25		235.48	0.43	58.86	11.95	260.50	200
N-U1	150		230.47	0.41	60.79	13.20	249.91	100
N-U2	300	自然干燥	217.07	0.50	53.58	4.67	309.34	5
N-U3	450		184.44	0.67	44.72	2.06	351.84	0.3
N-U4	600		86.70	1.19	18.79	1.06	194.58	0.05
TW-U0	25		226.69	0.41	58.19	21.64	226.25	1000
TW-U1	150		228.81	0.43	57.72	10.90	256.66	100
TW-U2	300	水浸泡	201.49	0.46	52.43	4.96	275.97	2
TW-U3	450		173.86	0.57	45.61	2.46	311.04	0.35
TW-U4	600		70.80	1.10	16.56	1.05	158.90	0.08
TH-U0	25		205.85	0.43	54.03	8.95	243.09	1000
TH-U1	150		206.74	0.43	55.56	7.15	258.88	20
TH-U2	300	酸腐蚀	182.53	0.45	50.46	4.40	265.23	5
TH-U3	450		159.74	0.63	40.51	2.16	299.92	0.5
TH-U4	600		71.75	1.11	16.76	1.05	161.06	0.03
TN-U0	25		218.42	0.40	56.84	19.01	222.22	2000
TN-U1	150		213.84	0.44	55.14	7.16	268.24	100
TN-U2	300	碱腐蚀	172.01	0.43	50.68	4.27	252.52	2
TN-U3	450		156.95	0.59	41.70	2.21	292.17	0.5
TN-U4	600		75.40	1.22	18.51	1.01	168.69	0.05

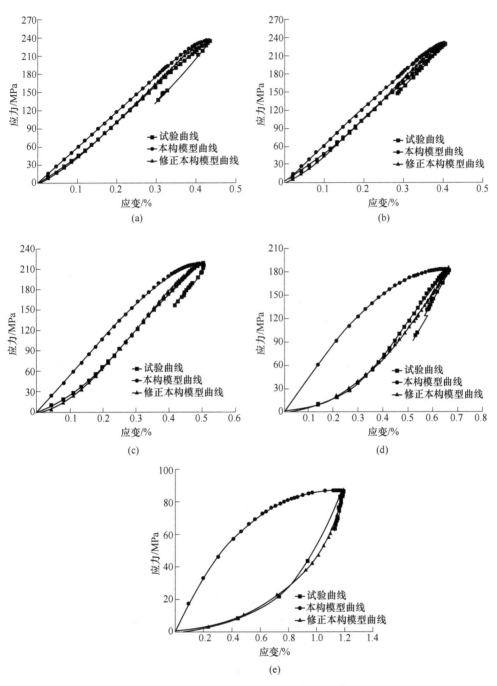

图 6-1　自然干燥花岗岩试件应力–应变曲线拟合效果对比

（a）25℃；（b）150℃；（c）300℃；（d）450℃；（e）600℃

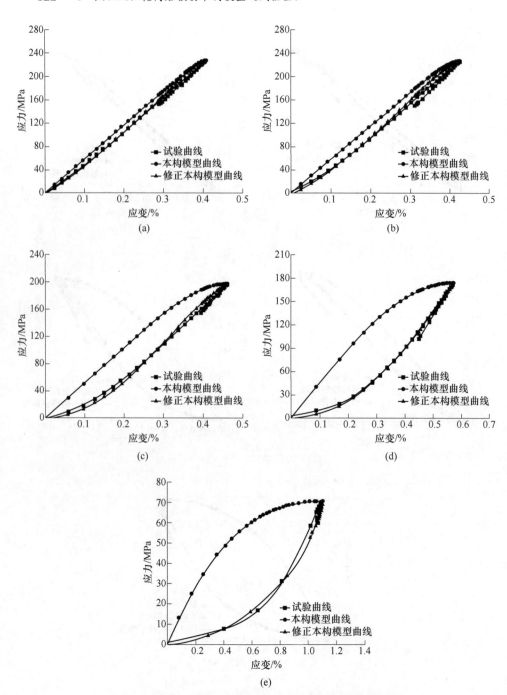

图 6-2 水浸泡花岗岩试件应力-应变曲线拟合效果对比

(a) 25℃；(b) 150℃；(c) 300℃；(d) 450℃；(e) 600℃

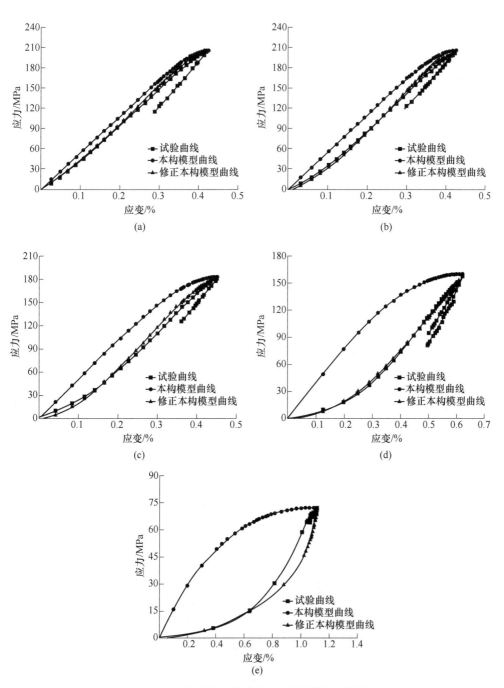

图 6-3 酸腐蚀花岗岩试件应力-应变曲线拟合效果对比

(a) 25℃；(b) 150℃；(c) 300℃；(d) 450℃；(e) 600℃

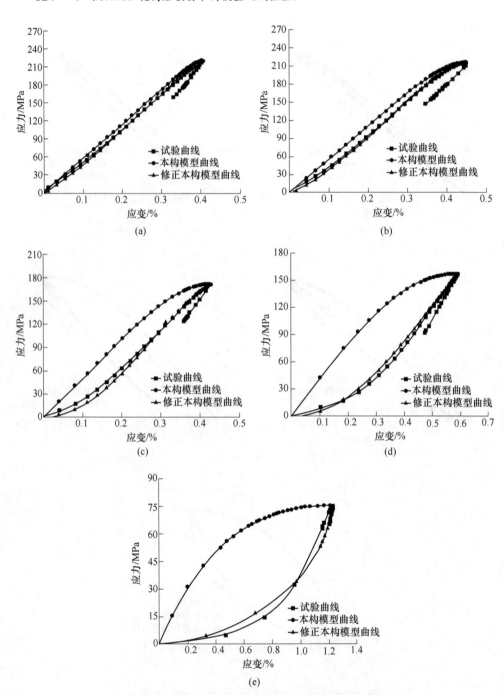

图 6-4　碱腐蚀花岗岩试件应力-应变曲线拟合效果对比
(a) 25℃；(b) 150℃；(c) 300℃；(d) 450℃；(e) 600℃

6.3 损伤演化影响因素分析

6.3.1 热处理温度对损伤演化的影响

从前文的微细观结构分析可知，高温对花岗岩的影响主要包括两点：一方面是产生热应力，导致矿物晶体形成晶间裂纹和穿晶裂纹；另一方面是改变矿物颗粒的自身性质，比如矿物成分的分解、热熔融、脱水、相变、脱羟基、分子键断裂等物理化学反应，形成大量微观缺陷。温度对不同化学浸泡试件损伤演化规律的影响如图 6-5 所示。

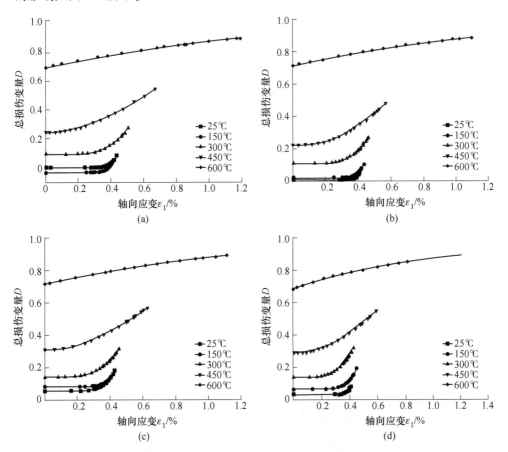

图 6-5 热处理温度对不同化学浸泡试件损伤演化规律的影响

（a）自然干燥；（b）水浸泡；（c）酸腐蚀；（d）碱腐蚀

对于自然干燥试件，150℃的高温并不会引起矿物晶体结构的变化，但热膨胀作用会增加晶体间的摩擦力和连接能力，而晶体间结合力的强弱即为弹性模量在微观尺度的表征形式，因此150℃高温试件的弹性模量略有提升，与25℃常温试件相比初始损伤有所降低，但降低幅度非常小。对于化学浸泡试件，初始损伤则随着温度的升高不断增大。在加载初期，总损伤变量演化曲线基本保持不变，在达到某一损伤阈值后随着轴向荷载的增加而上升，但上升曲线形态存在差异。在温度水平较低时，损伤变量曲线上升较为陡峭，随着温度的升高，初始损伤程度加深，外载引起的损伤起始点逐渐前移，在接近峰值时的损伤变量曲线上升速率逐渐变缓。例如在600℃时，损伤变量曲线随轴向应变的增加几乎表现为线性上升。曲线的发展形态也侧面验证了花岗岩在低温条件下的破坏以脆性为主，温度的增加使得其破坏形式向延性和塑性转变。高温产生的热损伤是不断累积的，且具有不可恢复性。

6.3.2 溶液类型对损伤演化的影响

化学溶液类型对不同温度热处理花岗岩试件损伤演化规律的影响如图6-6所示。从损伤变量演化曲线可以看出，在较低的温度水平下，热损伤对试件的影响

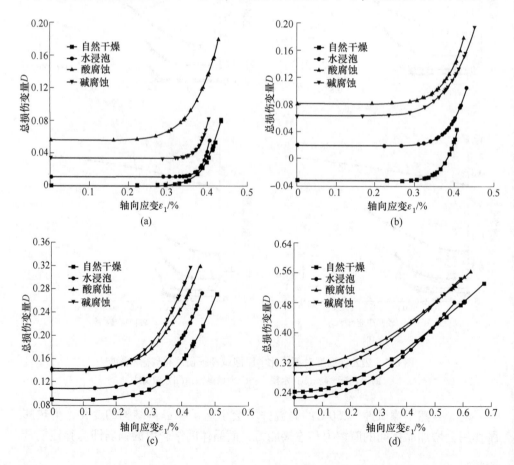

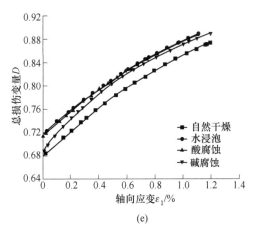

图 6-6 化学溶液类型对不同温度热处理试件损伤演化规律的影响

(a) 25℃；(b) 150℃；(c) 300℃；(d) 450℃；(e) 600℃

较弱，矿物成分未出现明显变化，化学浸泡引起的损伤对花岗岩的劣化起到主导作用，损伤程度由高到低依次为酸腐蚀>碱腐蚀>水浸泡>自然干燥。随着温度的升高，试件的初始损伤主要以热损伤为主，不同溶液类型之间的损伤差异性逐渐缩小，且加载期间损伤变量随轴向应变的演化也逐渐由非线性向线性转变。例如在 600℃时，化学浸泡试件的损伤变量曲线十分接近甚至重合。原因在于，高温条件下花岗岩矿物成分发生明显变化，试件孔隙率增大，化学溶液与矿物颗粒之间能够更加充分地接触。例如在 450℃时，水浸泡试件的初始损伤程度低于自然干燥试件，此时的吸水饱和可以在一定程度上提高试件的强度。

6.4 损伤本构模型适用性讨论

为了进一步讨论本书所提出的热化改性花岗岩统计损伤本构模型的适用性，选取徐小丽等人的试验数据进行验证。该研究对花岗岩试件进行了常温 25℃至 1000℃范围内的高温热处理，自然冷却后开展了 0~40MPa 围压作用下的三轴压缩试验，获得了经历不同高温作用后花岗岩试件的三轴压缩全应力-应变曲线。通过本书所提出的热化改性花岗岩统计损伤本构模型对试验数据进行计算，得到的统计损伤本构模型相关参数见表 6-2，真实试验曲线与本构模型计算曲线对比结果如图 6-7 所示。

表 6-2 高温花岗岩试件三轴压缩力学参数及统计损伤本构模型参数

温度/℃	围压/MPa	三轴抗压强度/MPa	峰值应变/%	弹性模量/GPa	m	S_0	n
25	0	120.37	0.42	14.187	6.07	151.30	5
	10	209.16	0.68	13.758	6.00	252.31	10

温度/℃	围压/MPa	三轴抗压强度/MPa	峰值应变/%	弹性模量/GPa	m	S_0	n
25	20	304.62	0.75	12.235	10.51	314.47	100
	30	372.04	0.95	18.475	9.04	388.75	500
	40	367.26	1.14	13.855	3.80	485.22	4
200	0	121.77	0.48	9.993	5.42	161.41	5
	10	199.67	0.61	15.067	5.17	257.55	20
	20	278.43	0.95	8.278	3.61	397.52	3
	30	429.04	1.03	19.631	7.07	495.08	100
	40	450.19	1.53	15.428	2.40	729.72	500
400	0	97.87	0.43	10.796	2.53	171.92	0.6
	10	232.38	0.71	13.709	2.70	375.56	0.9
	20	339.34	0.96	9.896	3.76	480.97	5
	30	377.95	1.06	15.299	4.57	492.03	4
	40	451.78	1.20	20.459	4.53	582.71	10
600	0	54.62	0.59	5.669	5.88	70.73	5
	10	190.92	0.80	10.025	3.75	280.86	2
	20	311.99	0.92	9.961	4.96	404.00	10
	30	366.44	1.00	16.562	6.52	427.52	20
	40	421.11	1.39	11.658	2.76	648.45	1.2
800	0	41.91	0.54	3.726	12.32	44.74	5
	10	139.36	0.67	9.607	3.76	193.64	3
	20	272.34	0.93	8.521	5.80	329.48	10
	30	293.59	1.08	12.243	4.17	382.62	5
	40	360.65	1.01	16.253	8.79	372.34	100
1000	0	19.30	0.61	1.471	5.08	25.94	2
	10	175.56	1.03	7.457	4.00	257.25	3
	20	154.42	0.86	7.535	3.50	207.10	2
	30	76.31	0.62	5.043	8.11	54.73	100
	40	147.39	0.79	9.561	6.95	132.67	100

根据曲线对比结果可以看出，在各级温度和各级围压作用下，损伤本构模型计算得到的偏应力-应变曲线均能很好地贴合试验曲线，特别是在峰前阶段，计算曲线与试验曲线具有很好的贴合度，说明本书提出的考虑热损伤初始压密的统

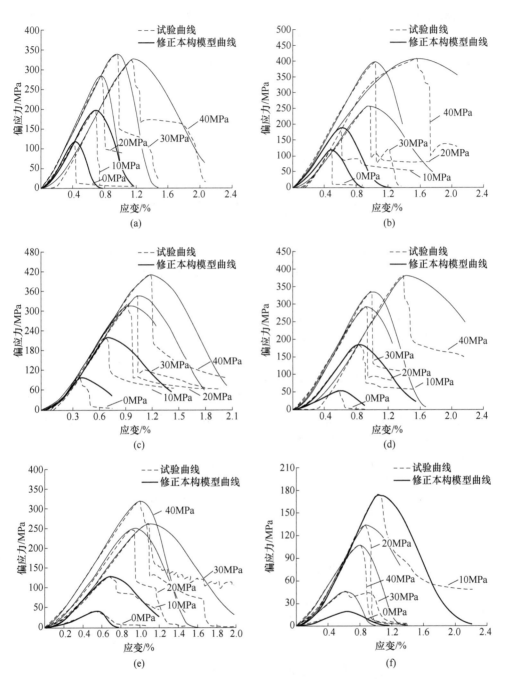

图 6-7 高温花岗岩试件三轴偏应力-应变曲线拟合效果对比

(a) 25℃；(b) 200℃；(c) 400℃；(d) 600℃；(e) 800℃；(f) 1000℃

计损伤本构模型不仅可以适用于更高温度的热损伤花岗岩，而且可以很好地描述三轴压缩下高温花岗岩的变形和强度特性，也再次验证了该本构模型的有效性和广泛的适用性。然而，从曲线拟合结果可以发现，该本构模型并不能很好地拟合三轴压缩试验曲线在峰后阶段的偏应力-应变关系，同时也不能合理反映出花岗岩的残余强度特征。此外，从中可以发现，该本构模型并不能合理描述双峰值的偏应力-应变曲线，究其原因，本书建立的本构模型是基于统计损伤力学理论所推导，该理论认为微元强度的失效是单向不可逆的，因此计算得出的损伤变量是持续递增的，因而该模型只适用于对单峰值的应力-应变曲线进行拟合。

6.5 压密系数敏感性讨论

从式（6-55）可知，压密系数 δ 是以 n 为底的对数函数，与应变 ε、损伤应变 ε_{cd} 和常数 n 有关。其中，应变 ε 和损伤应变 ε_{cd} 是花岗岩加载变形的固有属性，而常数 n 则具有很强的主观性。在对试验应力-应变曲线进行拟合时，常数 n 的大小直接决定了曲线的弯曲度，即对应于花岗岩试件在孔隙压密阶段的压密程度。为了更好地理解本构模型计算曲线与压密系数之间的敏感性，以 200℃高温花岗岩在围压 10MPa 时的三轴压缩试验曲线为例，取 n 的值分别为 0.2、2、20 和 200 进行讨论，对比结果如图 6-8 所示。从不同 n 值拟合曲线对比结果可以看出，n 越小则曲线弯曲度越大，当 n 等于 20 时，本构模型曲线与真实偏应力-应变曲线几乎完美重合。压密系数 δ 以峰值应变 ε_p 作为分段点，因此只影响应力-应变曲线的峰前部分，对峰后曲线没有影响。因此，通过调整 n 的取值，可以使计算得到的统计损伤本构曲线更好地贴合试验应力-应变曲线。

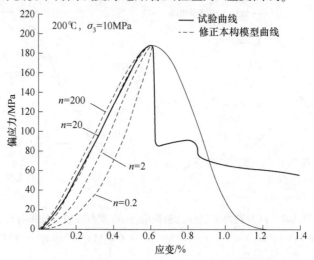

图 6-8 不同 n 取值下统计损伤本构模型拟合曲线对比

6.6 本章小结

本章基于损伤力学理论，提出了一种考虑热化作用初始损伤与加载期间微元破裂损伤相结合的统计损伤本构模型，建立了微细观损伤与宏观力学行为之间的数学联系，通过引入压密系数对本构方程进行了修正，对比单轴和三轴压缩试验应力-应变曲线对模型的有效性进行了验证，分别探讨了温度和化学溶液类型对损伤演化过程的影响。主要结论如下：

（1）损伤本构模型计算曲线与花岗岩试件在单轴压缩条件下的试验应力-应变曲线贴合程度良好，修正后的损伤本构模型能够更合理地反映热化改性花岗岩在初始非线性压密阶段的孔隙结构劣化效应。

（2）在 25~150℃ 的较低温度水平下，热损伤对花岗岩试件的影响较弱，化学损伤起主导作用，损伤程度由高到低依次为酸腐蚀>碱腐蚀>水浸泡>自然干燥；随着温度的升高，试件的初始损伤主要以热损伤为主，不同溶液类型之间的损伤差异性逐渐缩小，且加载期间损伤变量随轴向应变的演化也逐渐由非线性向线性转变。

（3）建立的统计损伤本构模型不仅适用于更高温度的热损伤花岗岩，而且可以很好地描述三轴压缩下高温花岗岩的变形和强度特性；压密系数中的常数 n 越小则曲线弯曲度越大，通过调整 n 的取值可以使本构模型计算曲线更好地贴合试验应力-应变曲线；该本构模型的局限性在于，无法有效反映三轴压缩试验曲线在峰后阶段的偏应力-应变关系和残余强度特征。

参 考 文 献

[1] 邹才能, 何东博, 贾成业, 等. 世界能源转型内涵、路径及其对碳中和的意义 [J]. 石油学报, 2021, 42 (2): 233~247.

[2] 黄海霞, 程帆, 苏义脑, 等. 碳达峰目标下我国节能潜力分析及对策 [J]. 中国工程科学, 2021, 23 (6): 81~91.

[3] 苏健, 梁英波, 丁麟, 等. 碳中和目标下我国能源发展战略探讨 [J]. 中国科学院院刊, 2021, 36 (9): 1001~1009.

[4] 蔺文静, 刘志明, 王婉丽, 等. 中国地热资源及其潜力评估 [J]. 中国地质, 2013, 40 (1): 312~321.

[5] 王贵玲, 刘彦广, 朱喜, 等. 中国地热资源现状及发展趋势 [J]. 地学前缘, 2020, 27 (1): 1~9.

[6] 王贵玲, 蔺文静. 我国主要水热型地热系统形成机制与成因模式 [J]. 地质学报, 2020, 94 (7): 1923~1937.

[7] 甘浩男, 王贵玲, 蔺文静, 等. 中国干热岩资源主要赋存类型与成因模式 [J]. 科技导报, 2015, 33 (19): 22~27.

[8] 汪集暘, 胡圣标, 庞忠和, 等. 中国大陆干热岩地热资源潜力评估 [J]. 科技导报, 2012, 30 (32): 25~31.

[9] 周安朝, 赵阳升, 郭进京, 等. 西藏羊八井地区高温岩体地热开采方案研究 [J]. 岩石力学与工程学报, 2010, 29 (S2): 4089~4095.

[10] 多吉. 典型高温地热系统——羊八井热田基本特征 [J]. 中国工程科学, 2003, 5 (1): 42~47.

[11] 许天福, 袁益龙, 姜振蛟, 等. 干热岩资源和增强型地热工程: 国际经验和我国展望 [J]. 吉林大学学报 (地球科学版), 2016, 46 (4): 1139~1152.

[12] Brown D W. A hot dry rock geothermal energy concept utilizing supercritical CO_2 instead of water [C] //Proceedings of the twenty-fifth workshop on geothermal reservoir engineering, Stanford University. 2000: 233~238.

[13] 亢方超, 唐春安. 基于开挖的增强型地热系统概述 [J]. 地学前缘, 2020, 27 (1): 185~193.

[14] Zhao J, Tang C A, Wang S J. Excavation based enhanced geothermal system (EGS-E): introduction to a new concept [J]. Geomechanics and Geophysics for Geo-Energy and Geo-Resources, 2020, 6 (1): 1~7.

[15] Hartai É, Bodosi B, Madarász T, et al. Combining energy production and mineral extraction-The CHPM2030 project [J]. European Geologist, 2017 (43): 6~9.

[16] 蔡美峰, 多吉, 陈湘生, 等. 深部矿产和地热资源共采战略研究 [J]. 中国工程科学, 2021, 23 (6): 43~51.

[17] 朱振南. 干热花岗岩钻采过程中井壁围岩物理力学特征研究 [D]. 武汉: 中国地质大学, 2021.

[18] Izadi G, Elsworth D. Reservoir stimulation and induced seismicity: Roles of fluid pressure and

thermal transients on reactivated fractured networks [J]. Geothermics, 2014, 51: 368~379.

[19] Zhang Y, Zhao G. A global review of deep geothermal energy exploration: from a view of rock mechanics and engineering [J]. Geomechanics and Geophysics for Geo-Energy and Geo-Resources, 2020, 6 (1): 1~26.

[20] 程钰翔. EGS 诱发地震特征及风险评价研究 [D]. 长春: 吉林大学, 2021.

[21] Kelkar S, WoldeGabriel G, Rehfeldt K. Lessons learned from the pioneering hot dry rock project at Fenton Hill, USA [J]. Geothermics, 2016, 63: 5~14.

[22] 苏正, 吴能友, 曾玉超, 等. 增强型地热系统研究开发: 以美国新墨西哥州芬登山为例 [J]. 地球物理学进展, 2012, 27 (2): 771~779.

[23] Breede K, Dzebisashvili K, Liu X, et al. A systematic review of enhanced (or engineered) geothermal systems: past, present and future [J]. Geothermal Energy, 2013, 1 (1): 1~27.

[24] Huenges E, Ledru P. Geothermal energy systems: exploration, development, and utilization [M]. Hoboken: John Wiley & Sons, 2011.

[25] Rybach L. Geothermal energy: sustainability and the environment [J]. Geothermics, 2003, 32 (4-6): 463~470.

[26] 亢方超. 开挖型增强地热系统相关的高温岩体损伤和传热研究 [D]. 大连: 大连理工大学, 2021.

[27] Hofmann H, Babadagli T, Zimmermann G. Hot water generation for oil sands processing from enhanced geothermal systems: process simulation for different hydraulic fracturing scenarios [J]. Applied Energy, 2014, 113: 524~547.

[28] Tomac I, Sauter M. A review on challenges in the assessment of geomechanical rock performance for deep geothermal reservoir development [J]. Renewable and Sustainable Energy Reviews, 2018, 82: 3972~3980.

[29] 郭亮亮. 增强型地热系统水力压裂和储层损伤演化的试验及模型研究 [D]. 长春: 吉林大学, 2016.

[30] 肖勇. 增强地热系统中干热岩水力剪切压裂 THMC 耦合研究 [D]. 成都: 西南石油大学, 2017.

[31] 雷宏武. 增强型地热系统 (EGS) 中热能开发力学耦合水热过程分析 [D]. 长春: 吉林大学, 2014.

[32] Wang L, Yao B, Cha M, et al. Waterless fracturing technologies for unconventional reservoirs-opportunities for liquid nitrogen [J]. Journal of Natural Gas Science and Engineering, 2016, 35: 160~174.

[33] Yang R, Hong C, Liu W, et al. Non-contaminating cryogenic fluid access to high-temperature resources: Liquid nitrogen fracturing in a lab-scale Enhanced Geothermal System [J]. Renewable Energy, 2021, 165: 125~138.

[34] Huang Z, Zhang S, Yang R, et al. A review of liquid nitrogen fracturing technology [J]. Fuel, 2020, 266: 117040.

[35] 刘明亮, 庄亚芹, 周超, 等. 化学刺激技术在增强型地热系统中的应用: 理论、实践与展望 [J]. 地球科学与环境学报, 2016, 38 (2): 267~276.

[36] 雷治红 . 青海共和盆地干热岩储层特征及压裂试验模型研究 [D]. 长春：吉林大学，2020.

[37] 冯波，许佳男，许天福，等 . 化学刺激技术在干热岩储层改造中的应用与最新进展 [J]. 地球科学与环境学报，2019，41（5）：577~591.

[38] 那金，许天福，吴永东，等 . 增强型地热系统（EGS）土酸化学刺激剂对热储层的改造 [J]. 中南大学学报（自然科学版），2017，48（1）：247~254.

[39] Xu T, Rose P, Fayer S, et al. On modeling of chemical stimulation of an enhanced geothermal system using a high pH solution with chelating agent [J]. Geofluids, 2009, 9（2）：167~177.

[40] 那金 . 化学刺激技术对增强型地热系统（EGS）热储层改造作用研究 [D]. 长春：吉林大学，2016.

[41] Norbeck J H, McClure M W, Horne R N. Field observations at the Fenton Hill enhanced geothermal system test site support mixed-mechanism stimulation [J]. Geothermics, 2018, 74：135~149.

[42] Duchane D, Brown D. Hot dry rock（HDR）geothermal energy research and development at Fenton Hill, New Mexico [J]. Geo-Heat Centre Quarterly Bulletin, 2002, 23：13~19.

[43] Brown D W. Hot dry rock geothermal energy：important lessons from Fenton Hill [C] // Proceedings of the thirty-fourth workshop on geothermal reservoir engineering. Stanford：Stanford University, 2009.

[44] Portier S, Vuataz F, Nami P, et al. Chemical stimulation techniques for geothermal wells：experiments on the three-well EGS system at Soultz-sous-Forêts, France [J]. Geothermics, 2009, 38（4）：349~359.

[45] Nami P, Schellschmidt R, Schindler M, et al. Chemical stimulation operations for reservoir development of the deep crystalline HDR/EGS system at Soultz-sous-Forêts（France）[C] // Proceedings, 32nd workshop on geothermal reservoir engineering, Stanford University, Stanford, California, USA. 2008：28~30.

[46] 郭清海，何暲，庄亚芹，等 . 化学刺激法提高花岗岩类岩石裂隙渗透性的实验研究 [J]. 地学前缘，2020，27（1）：159~169.

[47] 庄亚芹 . 实施增强型地热系统（EGS）的化学刺激实验研究 [D]. 武汉：中国地质大学，2017.

[48] Luo J, Zhu Y, Guo Q, et al. Chemical stimulation on the hydraulic properties of artificially fractured granite for enhanced geothermal system [J]. Energy, 2018, 142：754~764.

[49] 许佳男 . 化学刺激剂对河北马头营区增强型地热储层改造作用研究 [D]. 长春：吉林大学，2021.

[50] Farquharson J I, Kushnir A R L, Wild B, et al. Physical property evolution of granite during experimental chemical stimulation [J]. Geothermal Energy, 2020, 8（1）：1~24.

[51] Liu H, Shi Y, Fang Z, et al. Seepage characteristics of thermally and chemically treated Mesozoic granite from geothermal region of Liaodong Peninsula [J]. Environmental Earth Sciences, 2021, 80（17）：599.

［52］ 蔡美峰, 何满潮, 刘东燕. 岩石力学与工程 ［M］. 北京: 科学出版社, 2013.

［53］ Jiang T, Shao J F, Xu W Y, et al. Experimental investigation and micromechanical analysis of damage and permeability variation in brittle rocks ［J］. International Journal of Rock Mechanics and Mining Sciences, 2010, 47 (5): 703~713.

［54］ Guéguen Y, Schubnel A. Elastic wave velocities and permeability of cracked rocks ［J］. Tectonophysics, 2003, 370 (1/2/3/4): 163~176.

［55］ 于庆磊, 郑超, 杨天鸿, 等. 基于细观结构表征的岩石破裂热-力耦合模型及应用 ［J］. 岩石力学与工程学报, 2012, 31 (1): 42~51.

［56］ 姚孟迪. 热损伤岩石力学特性及裂纹扩展试验研究 ［D］. 武汉: 武汉大学, 2017.

［57］ Vázquez P, Shushakova V, Gómez-Heras M. Influence of mineralogy on granite decay induced by temperature increase: Experimental observations and stress simulation ［J］. Engineering Geology, 2015, 189: 58~67.

［58］ 万志军, 赵阳升, 董付科, 等. 高温及三轴应力下花岗岩体力学特性的实验研究 ［J］. 岩石力学与工程学报, 2008, 27 (1): 72~77.

［59］ 阴伟涛, 赵阳升, 冯子军. 高温三轴应力下粗、细粒花岗岩力学特性研究 ［J］. 太原理工大学学报, 2020, 51 (5): 627~633.

［60］ 张卫强. 岩石热损伤微观机制与宏观物理力学性质演变特征研究 ［D］. 徐州: 中国矿业大学, 2017.

［61］ Sun Q, Lü C, Cao L, et al. Thermal properties of sandstone after treatment at high temperature ［J］. International Journal of Rock Mechanics and Mining Sciences, 2016, 85: 60~66.

［62］ 孙强, 张志镇, 薛雷, 等. 岩石高温相变与物理力学性质变化 ［J］. 岩石力学与工程学报, 2013, 32 (5): 935~942.

［63］ 卢广亮. 不同温度作用后岩石特性试验研究 ［D］. 南京: 南京大学, 2016.

［64］ 田文岭. 高温处理后花岗岩力学行为与损伤破裂机理研究 ［D］. 徐州: 中国矿业大学, 2019.

［65］ Zhang W, Sun Q, Zhang Y, et al. Porosity and wave velocity evolution of granite after high-temperature treatment: a review ［J］. Environmental earth sciences, 2018, 77 (9): 1~13.

［66］ Zhang W, Sun Q, Hao S, et al. Experimental study on the variation of physical and mechanical properties of rock after high temperature treatment ［J］. Applied Thermal Engineering, 2016, 98: 1297~1304.

［67］ Inserra C, Biwa S, Chen Y. Influence of thermal damage on linear and nonlinear acoustic properties of granite ［J］. International Journal of Rock Mechanics and Mining Sciences, 2013, 62: 96~104.

［68］ Pan J, Xi X, Wu X, et al. Physical properties evolution and microscopic mechanisms of granite modified by thermal and chemical stimulation ［J］. Case Studies in Thermal Engineering, 2023, 41: 102633.

［69］ 潘继良, 郭奇峰, 任奋华, 等. 化学浸泡作用下热冲击花岗岩物理特性与导热性能演化机制 ［J］. 工程科学学报, 2022, 44 (10): 1755~1766.

［70］ 郭平业, 卜墨华, 李清波, 等. 岩石有效热导率精准测量及表征模型研究进展 ［J］. 岩

石力学与工程学报, 2020, 39 (10): 1983~2013.

[71] Esteban L, Pimienta L, Sarout J, et al. Study cases of thermal conductivity prediction from P-wave velocity and porosity [J]. Geothermics, 2015, 53: 255~269.

[72] 贺玉龙, 赵文, 张光明. 温度对花岗岩和砂岩导热系数影响的试验研究 [J]. 中国测试, 2013, 39 (1): 114~116.

[73] 吴星辉, 蔡美峰, 任奋华, 等. 不同热处理作用下花岗岩纵波波速和导热能力的演化规律分析 [J]. 岩石力学与工程学报, 2022, 41 (3): 457~467.

[74] 郭政. 热处理对北山花岗岩热传导特性的影响 [D]. 北京: 核工业北京地质研究院, 2018.

[75] 杨圣奇, 田文岭, 董晋鹏. 高温后两种晶粒花岗岩破坏力学特性试验研究 [J]. 岩土工程学报, 2021, 43 (2): 281~289.

[76] Zhao X G, Wang J, Chen F, et al. Experimental investigations on the thermal conductivity characteristics of Beishan granitic rocks for China's HLW disposal [J]. Tectonophysics, 2016, 683: 124~137.

[77] Tian W, Yang S, Elsworth D, et al. Permeability evolution and crack characteristics in granite under treatment at high temperature [J]. International Journal of Rock Mechanics and Mining Sciences, 2020, 134: 104461.

[78] Handin J, Hager Jr R V. Experimental deformation of sedimentary rocks under confining pressure: tests at room temperature on dry samples [J]. AAPG Bulletin, 1957, 41 (1): 1~50.

[79] Handin J, Hager Jr R V. Experimental deformation of sedimentary rocks under confining pressure: tests at high temperature [J]. AAPG Bulletin, 1958, 42 (12): 2892~2934.

[80] Serdengecti S, Boozer G D. The effects of strain rate and temperature on the behavior of rocks subjected to triaxial compression [C] //ARMA US Rock Mechanics/Geomechanics Symposium. ARMA, 1961: ARMA-61-083.

[81] Wang F, Konietzky H. Thermo-mechanical properties of granite at elevated temperatures and numerical simulation of thermal cracking [J]. Rock Mechanics and Rock Engineering, 2019, 52 (10): 3737~3755.

[82] 邵保平, 吴阳春, 赵阳升, 等. 不同冷却模式下花岗岩强度对比与热破坏能力表征试验研究 [J]. 岩石力学与工程学报, 2020, 39 (2): 286~300.

[83] 贾蓬, 杨其要, 刘冬桥, 等. 高温花岗岩水冷却后物理力学特性及微观破裂特征 [J]. 岩土力学, 2021, 42 (6): 1568~1578.

[84] 马阳升. 实时高温作用下岩石力学特性实验研究 [D]. 徐州: 中国矿业大学, 2018.

[85] Alm O, Jaktlund L, Shaoquan K. The influence of microcrack density on the elastic and fracture mechanical properties of Stripa granite [J]. Physics of the Earth and Planetary Interiors, 1985, 40 (3): 161~179.

[86] 杜守继, 刘华职, 洪涛, 等. 高温后花岗岩力学性能的试验研究 [J]. 岩石力学与工程学报, 2004, 23 (14): 2359~2364.

[87] 闫治国, 朱合华, 邓涛, 等. 三种岩石高温后纵波波速特性的试验研究 [J]. 岩土工程

学报, 2006, 28 (11): 2010~2014.

[88] 陈有亮, 邵伟, 周有成. 高温作用后花岗岩力学性能试验研究 [J]. 力学季刊, 2011, 32 (3): 397~402.

[89] 徐小丽. 温度载荷作用下花岗岩力学性质演化及其微观机制研究 [D]. 徐州: 中国矿业大学, 2008.

[90] 邝保平, 赵阳升. 600 ℃内高温状态花岗岩遇水冷却后力学特性试验研究 [J]. 岩石力学与工程学报, 2010, 29 (5): 892~898.

[91] 邝保平, 吴阳春, 王帅, 等. 热冲击作用下花岗岩力学特性及其随冷却温度演变规律试验研究 [J]. 岩土力学, 2020, 41 (S1): 83~94.

[92] Zhang B, Tian H, Dou B, et al. Macroscopic and microscopic experimental research on granite properties after high-temperature and water-cooling cycles [J]. Geothermics, 2021, 93: 102079.

[93] Kumari W G P, Ranjith P G, Perera M S A, et al. Temperature-dependent mechanical behaviour of Australian Strathbogie granite with different cooling treatments [J]. Engineering Geology, 2017, 229: 31~44.

[94] 靳佩桦. 高温裂隙花岗岩渗流-传热中裂隙围岩演变特征研究 [D]. 太原: 太原理工大学, 2019.

[95] 黄中伟, 温海涛, 武晓光, 等. 液氮冷却作用下高温花岗岩损伤实验 [J]. 中国石油大学学报 (自然科学版), 2019, 43 (2): 68~76.

[96] Wu X, Huang Z, Song H, et al. Variations of physical and mechanical properties of heated granite after rapid cooling with liquid nitrogen [J]. Rock Mechanics and Rock Engineering, 2019, 52 (7): 2123~2139.

[97] Shao Z, Tang X, Wang X. The influence of liquid nitrogen cooling on fracture toughness of granite rocks at elevated temperatures: An experimental study [J]. Engineering Fracture Mechanics, 2021, 246: 107628.

[98] Ge Z, Sun Q, Yang T, et al. Effect of high temperature on mode-I fracture toughness of granite subjected to liquid nitrogen cooling [J]. Engineering Fracture Mechanics, 2021, 252: 107834.

[99] 许锡昌, 刘泉声. 高温下花岗岩基本力学性质初步研究 [J]. 岩土工程学报, 2000, 22 (3): 332~335.

[100] 刘泉声, 许锡昌, 山口勉, 等. 三峡花岗岩与温度及时间相关的力学性质试验研究 [J]. 岩石力学与工程学报, 2001, 20 (5): 715~719.

[101] 赵阳升, 万志军, 张渊, 等. 20 MN 伺服控制高温高压岩体三轴试验机的研制 [J]. 岩石力学与工程学报, 2008, 27 (1): 1~8.

[102] Zhao Y, Wan Z, Feng Z, et al. Triaxial compression system for rock testing under high temperature and high pressure [J]. International Journal of Rock Mechanics and Mining Sciences, 2012, 52: 132~138.

[103] Zhao Y, Feng Z, Zhao Y, et al. Experimental investigation on thermal cracking, permeability under HTHP and application for geothermal mining of HDR [J]. Energy, 2017, 132:

305~314.

[104] 徐小丽, 高峰, 张志镇, 等. 实时高温下加载速率对花岗岩力学特性影响的试验研究 [J]. 岩土力学, 2015, 36 (8): 2184~2192.

[105] 马啸. 高温高压下花岗岩力学特性研究 [D]. 沈阳: 沈阳工业大学, 2019.

[106] 刘造保, 王川, 周宏源, 等. 岩石高温高压两刚一柔型真三轴时效力学试验系统研制与应用 [J]. 岩石力学与工程学报, 2021, 40 (12): 2477~2486.

[107] 张洪伟, 万志军, 周长冰, 等. 干热岩高温力学特性及热冲击效应分析 [J]. 采矿与安全工程学报, 2021, 38 (1): 138~145.

[108] 张志镇, 高峰, 刘治军. 温度影响下花岗岩冲击倾向及其微细观机制研究 [J]. 岩石力学与工程学报, 2010, 29 (8): 1591~1602.

[109] 罗生银, 窦斌, 田红, 等. 自然冷却后与实时高温下花岗岩物理力学性质对比试验研究 [J]. 地学前缘, 2020, 27 (1): 178~184.

[110] Qiao L, Wang Z, Huang A. Alteration of Mesoscopic Properties and Mechanical Behavior of Sandstone Due to Hydro-Physical and Hydro-Chemical Effects [J]. Rock Mechanics and Rock Engineering, 2017, 50 (2): 255~267.

[111] 姚华彦. 化学溶液及其水压作用下灰岩破裂过程宏细观力学试验与理论分析 [D]. 武汉: 中国科学院研究生院 (武汉岩土力学研究所), 2008.

[112] 申林方, 冯夏庭, 潘鹏志, 等. 应力作用下岩石的化学动力学溶解机制研究 [J]. 岩土力学, 2011, 32 (5): 1320~1326.

[113] Yu L, Zhang Z, Wu J, et al. Experimental study on the dynamic fracture mechanical properties of limestone after chemical corrosion [J]. Theoretical and Applied Fracture Mechanics, 2020, 108: 102620.

[114] 韩铁林. 裂隙岩石在复杂水化学环境下力学特征的试验研究与理论分析 [D]. 西安: 西安理工大学, 2016.

[115] 刘业科. 水岩作用下深部岩体的损伤演化与流变特性研究 [D]. 长沙: 中南大学, 2012.

[116] Atkinson B K, Meredith P G. Stress corrosion cracking of quartz: a note on the influence of chemical environment [J]. Tectonophysics, 1981, 77 (1/2): 1~11.

[117] Feucht L J, Logan J M. Effects of chemically active solutions on shearing behavior of a sandstone [J]. Tectonophysics, 1990, 175 (1~3): 159~176.

[118] Karfakis M G, Akram M. Effects of chemical solutions on rock fracturing [C] //International Journal of Rock Mechanics and Mining Sciences & Geomechanics Abstracts. Pergamon, 1993, 30 (7): 1253~1259.

[119] Dunning J, Douglas B, Miller M, et al. The role of the chemical environment in frictional deformation: stress corrosion cracking and comminution [J]. Pure and Applied Geophysics, 1994, 143 (1~3): 151~178.

[120] 汤连生, 张鹏程, 王思敬. 水-岩化学作用的岩石宏观力学效应的试验研究 [J]. 岩石力学与工程学报, 2002, 21 (4): 526~531.

[121] 陈四利, 冯夏庭, 周辉. 化学腐蚀下砂岩三轴压缩力学效应的试验 [J]. 东北大学学

报, 2003, 24 (3): 292~295.

[122] 丁梧秀, 冯夏庭. 化学腐蚀下裂隙岩石的损伤效应及断裂准则研究 [J]. 岩土工程学报, 2009, 31 (6): 899~904.

[123] 姚华彦, 冯夏庭, 崔强, 等. 化学侵蚀下硬脆性灰岩变形和强度特性的试验研究 [J]. 岩土力学, 2009, 30 (2): 338~344.

[124] 王伟, 刘桃根, 吕军, 等. 水岩化学作用对砂岩力学特性影响的试验研究 [J]. 岩石力学与工程学报, 2012, 31 (S2): 3607~3617.

[125] 韩铁林, 师俊平, 陈蕴生, 等. 化学腐蚀对砂岩物理力学性质影响的试验研究 [J]. 西安理工大学学报, 2014, 30 (1): 34~39.

[126] 谭卓英, 柴红保, 刘文静, 等. 岩石在酸化环境下的强度损伤及其静态加速模拟 [J]. 岩石力学与工程学报, 2005, 24 (14): 2439~2448.

[127] 霍润科, 李宁, 张浩博. 酸性环境下类砂岩材料物理性质的试验研究 [J]. 岩土力学, 2006, 27 (9): 1541~1544.

[128] 浦海, 卞正富, 张吉雄, 等. 一种废弃矿井地热资源再利用系统研究 [J]. 煤炭学报, 2021, 46 (2): 677~687.

[129] 周倩, 陈有亮. 酸性溶液腐蚀后花岗岩力学特性试验研究 [J]. 水资源与水工程学报, 2018, 29 (1): 225~231.

[130] 苗胜军, 蔡美峰, 冀东, 等. 酸性化学溶液作用下花岗岩损伤时效特征与机理 [J]. 煤炭学报, 2016, 41 (5): 1137~1144.

[131] 苗胜军, 蔡美峰, 冀东, 等. 酸性化学溶液作用下花岗岩力学特性与参数损伤效应 [J]. 煤炭学报, 2016, 41 (4): 829~835.

[132] 王伟, 刘桃根, 李雪浩, 等. 化学腐蚀下花岗岩三轴压缩力学特性试验 [J]. 中南大学学报 (自然科学版), 2015, 46 (10): 3801~3807.

[133] 陈有亮, 代明星, 索晓航, 等. 酸性与高温环境下花岗岩力学性能试验研究 [J]. 力学季刊, 2013, 34 (1): 49~53.

[134] 李哲, 陈有亮, 王苏然, 等. 化学溶蚀及高温作用下砂岩力学特性的试验研究 [J]. 上海理工大学学报, 2019, 41 (3): 244~252.

[135] 曾鹏, 纪洪广, 高宇, 等. 三轴压缩下花岗岩声发射 Kaiser 点信号频段及分形特征 [J]. 煤炭学报, 2016, 41 (S2): 376~384.

[136] 李浩然, 杨春和, 刘玉刚, 等. 花岗岩破裂过程中声波与声发射变化特征试验研究 [J]. 岩土工程学报, 2014, 36 (10): 1915~1923.

[137] 张茹, 谢和平, 刘建锋, 等. 单轴多级加载岩石破坏声发射特性试验研究 [J]. 岩石力学与工程学报, 2006, 25 (12): 2584~2588.

[138] Huang Z, Zeng W, Gu Q, et al. Investigations of variations in physical and mechanical properties of granite, sandstone, and marble after temperature and acid solution treatments [J]. Construction and Building Materials, 2021, 307: 124943.

[139] Cai M, Kaiser P K, Martin C D. Quantification of rock mass damage in underground excavations from microseismic event monitoring [J]. International Journal of Rock Mechanics and Mining Sciences, 2001, 38 (8): 1135~1145.

［140］Cai M, Kaiser P K, Tasaka Y, et al. Generalized crack initiation and crack damage stress thresholds of brittle rock masses near underground excavations ［J］. International Journal of Rock Mechanics and Mining Sciences, 2004, 41 (5): 833~847.

［141］Zhou H W, Wang Z H, Ren W G, et al. Acoustic emission based mechanical behaviors of Beishan granite under conventional triaxial compression and hydro-mechanical coupling tests ［J］. International Journal of Rock Mechanics and Mining Sciences, 2019, 123: 104125.

［142］赵星光, 马利科, 苏锐, 等. 北山深部花岗岩在压缩条件下的破裂演化与强度特性 ［J］. 岩石力学与工程学报, 2014, 33 (S2): 3665~3675.

［143］孙雪, 李二兵, 段建立, 等. 北山花岗岩三轴压缩下声发射特征及损伤演化规律研究 ［J］. 岩石力学与工程学报, 2018, 37 (S2): 4234~4244.

［144］陈颙, 吴晓东, 张福勤. 岩石热开裂的实验研究 ［J］. 科学通报, 1999, 44 (8): 880~883.

［145］吴刚, 翟松韬, 王宇. 高温下花岗岩的细观结构与声发射特性研究 ［J］. 岩土力学, 2015, 36 (S1): 351~356.

［146］张玉良, 吴必胜, 赵高峰. 基于声发射监测的岩石热损伤实时演化研究 ［J］. 中南大学学报 (自然科学版), 2021, 52 (8): 2945~2958.

［147］武晋文, 赵阳升, 万志军, 等. 高温均匀压力花岗岩热破裂声发射特性实验研究 ［J］. 煤炭学报, 2012, 37 (7): 1111~1117.

［148］翟松韬, 吴刚, 张渊, 等. 高温作用下花岗岩的声发射特征研究 ［J］. 岩石力学与工程学报, 2013, 32 (1): 126~134.

［149］Feng X, Seto M. Fractal structure of the time distribution of microfracturing in rocks ［J］. Geophysical Journal International, 1999, 136 (1): 275~285.

［150］Feng X T, Seto M. A new method of modelling the rock micro-fracturing process in double-torsion experiments using neural networks ［J］. International Journal for Numerical and Analytical Methods in Geomechanics, 1999, 23 (9): 905~923.

［151］Wang Z H, Su T, Konietzky H, et al. Hydraulic properties of Beishan granite after different high temperature treatments ［J］. Bulletin of Engineering Geology and the Environment, 2021, 80 (4): 2911~2923.

［152］张艳博, 梁鹏, 孙林, 等. 单轴压缩下饱水花岗岩破裂过程声发射频谱特征试验研究 ［J］. 岩土力学, 2019, 40 (7): 2497~2506.

［153］苗金丽, 何满潮, 李德建, 等. 花岗岩应变岩爆声发射特征及微观断裂机制 ［J］. 岩石力学与工程学报, 2009, 28 (8): 1593~1603.

［154］甘一雄. 地下工程岩体破裂声发射参数表征研究与定位方法优化 ［D］. 北京: 北京科技大学, 2020.

［155］Aggelis D G, Mpalaskas A C, Matikas T E. Acoustic signature of different fracture modes in marble and cementitious materials under flexural load ［J］. Mechanics Research Communications, 2013, 47: 39~43.

［156］何满潮, 赵菲, 杜帅, 等. 不同卸载速率下岩爆破坏特征试验分析 ［J］. 岩土力学, 2014, 35 (10): 2737~2747.

[157] 葛振龙，孙强，王苗苗，等. 基于RA/AF的高温后砂岩破裂特征识别研究［J］. 煤田地质与勘探，2021，49（2）：176~183.

[158] 李杰林，周科平，张亚民，等. 基于核磁共振技术的岩石孔隙结构冻融损伤试验研究［J］. 岩石力学与工程学报，2012，31（6）：1208~1214.

[159] Yao Y, Liu D. Comparison of low-field NMR and mercury intrusion porosimetry in characterizing pore size distributions of coals［J］. Fuel, 2012, 95：152~158.

[160] Pan J, Feng Z, Zhang Y, et al. Experimental study on evaluation of porosity, thermal conductivity, UCS, and elastic modulus of granite after thermal and chemical treatments by using P-wave velocity［J］. Geoenergy Science and Engineering, 2023：212184.

[161] Raynaud S, Fabre D, Mazerolle F, et al. Analysis of the internal structure of rocks and characterization of mechanical deformation by a non-destructive method：X-ray tomodensitometry［J］. Tectonophysics, 1989, 159（1/2）：149~159.

[162] 孙中光，姜德义，谢凯楠，等. 基于低场磁共振的北山花岗岩热损伤研究［J］. 煤炭学报，2020，45（3）：1081~1088.

[163] 朱要亮，俞缙，高海东，等. 水冷却对高温花岗岩的细观损伤及动力学性能影响［J］. 爆炸与冲击，2019，39（8）：84~95.

[164] 陈世万. 高放废物地质处置花岗岩热力损伤特性研究［D］. 重庆：重庆大学，2018.

[165] 田洪义，王华，司景钊. 酸性溶液对花岗岩力学特性及微观结构的影响［J］. 隧道建设（中英文），2022，42（1）：57~65.

[166] 杨更社，谢定义，张长庆，等. 岩石损伤特性的CT识别［J］. 岩石力学与工程学报，1996，15（1）：48~54.

[167] 葛修润，任建喜，蒲毅彬，等. 煤岩三轴细观损伤演化规律的CT动态试验［J］. 岩石力学与工程学报，1999，18（5）：497~502.

[168] 赵阳升，孟巧荣，康天合，等. 显微CT试验技术与花岗岩热破裂特征的细观研究［J］. 岩石力学与工程学报，2008，27（1）：28~34.

[169] 武晋文. 花岗岩热破裂实验研究［D］. 太原：太原理工大学，2008.

[170] Zhao Y S, Wan Z J, Feng Z J, et al. Evolution of mechanical properties of granite at high temperature and high pressure［J］. Geomechanics and Geophysics for Geo-Energy and Geo-Resources, 2017, 3（2）：199~210.

[171] 邵保平，吴阳春，王帅，等. 青海共和盆地花岗岩高温热损伤力学特性试验研究［J］. 岩石力学与工程学报，2020，39（1）：69~83.

[172] 邓申缘，姜清辉，商开卫，等. 高温对花岗岩微结构及渗透性演化机制影响分析［J］. 岩土力学，2021，42（6）：1601~1611.

[173] Feng X, Chen S, Zhou H. Real-time computerized tomography（CT）experiments on sandstone damage evolution during triaxial compression with chemical corrosion［J］. International Journal of Rock Mechanics and Mining Sciences, 2004, 41（2）：181~192.

[174] Zhuang L, Kim K Y, Yeom S, et al. Preliminary laboratory study on initiation and propagation of hydraulic fractures in granite using X-ray computed tomography［M］//Deep Rock Mechanics：From Research to Engineering. CRC Press, 2018：325~331.

［175］ Song C L, Nakashima S, Yasuhara H, et al. Long-Term Permeability Experiments of a Single Fracture in Granite under Thermal Conditions and Evaluation of the Aperture Distribution Through Microfocus X-Ray CT ［C］//ARMA US Rock Mechanics/Geomechanics Symposium. ARMA, 2019: ARMA-2019-0393.

［176］ Isaka B L A, Ranjith P G. Investigation of temperature-and pressure-dependent flow characteristics of supercritical carbon dioxide-induced fractures in Harcourt granite: Application to CO_2-based enhanced geothermal systems ［J］. International Journal of Heat and Mass Transfer, 2020, 158: 119931.

［177］ Sprunt E S, Brace W F. Direct observation of microcavities in crystalline rocks ［C］// International Journal of Rock Mechanics and Mining Sciences & Geomechanics Abstracts. Pergamon, 1974, 11 (4): 139~150.

［178］ Tapponnier P, Brace W F. Development of stress-induced microcracks in Westerly granite ［C］//International Journal of Rock Mechanics and Mining Sciences & Geomechanics Abstracts. Pergamon, 1976, 13 (4): 103~112.

［179］ 谢和平, 陈至达. 岩石断裂的微观机理分析 ［J］. 煤炭学报, 1989 (2): 57~67.

［180］ 凌建明, 孙钧. 脆性岩石的细观裂纹损伤及其时效特征 ［J］. 岩石力学与工程学报, 1993, 12 (4): 304~312.

［181］ 赵永红, 黄杰藩, 王仁. 岩石微破裂发育的扫描电镜即时观测研究 ［J］. 岩石力学与工程学报, 1992, 11 (3): 284~294.

［182］ 黄明利, 唐春安, 朱万成. 岩石单轴压缩下破坏失稳过程 SEM 即时研究 ［J］. 东北大学学报, 1999, 20 (4): 426~429.

［183］ 张梅英, 袁建新, 李廷芥, 等. 单轴压缩过程中岩石变形破坏机理 ［J］. 岩石力学与工程学报, 1998, 17 (1): 1~8.

［184］ 左建平, 周宏伟, 方园, 等. 甘肃北山地区深部花岗岩的热开裂试验研究 ［J］. 岩石力学与工程学报, 2011, 30 (6): 1107~1115.

［185］ Chen S, Yang C, Wang G. Evolution of thermal damage and permeability of Beishan granite ［J］. Applied Thermal Engineering, 2017, 110: 1533~1542.

［186］ Homand-Etienne F, Houpert R. Thermally induced microcracking in granites: characterization and analysis ［C］//International Journal of Rock Mechanics and Mining Sciences & Geomechanics Abstracts. Pergamon, 1989, 26 (2): 125~134.

［187］ Miao S, Cai M, Guo Q, et al. Damage effects and mechanisms in granite treated with acidic chemical solutions ［J］. International Journal of Rock Mechanics and Mining Sciences, 2016, 88: 77~86.

［188］ 冯夏庭, 王川婴, 陈四利. 受环境侵蚀的岩石细观破裂过程试验与实时观测 ［J］. 岩石力学与工程学报, 2002, 21 (7): 935~939.

［189］ 陈四利, 冯夏庭, 李邵军. 化学腐蚀下三峡花岗岩的破裂特征 ［J］. 岩土力学, 2003, 24 (5): 817~821.

［190］ 王苏然, 陈有亮, 周情, 等. 酸性溶液化学腐蚀作用下花岗岩单轴压缩力学性能试验 ［J］. 地质学刊, 2018, 42 (4): 686~693.

[191] 张志镇, 高峰, 高亚楠, 等. 高温影响下花岗岩孔径分布的分形结构及模型 [J]. 岩石力学与工程学报, 2016, 35 (12): 2426~2438.

[192] 杜守继, 马明, 陈浩华, 等. 花岗岩经历不同高温后纵波波速分析 [J]. 岩石力学与工程学报, 2003, 22 (11): 1803~1806.

[193] Chen Y, Wang S, Ni J, et al. An experimental study of the mechanical properties of granite after high temperature exposure based on mineral characteristics [J]. Engineering Geology, 2017, 220: 234~242.

[194] Gautam P K, Verma A K, Jha M K, et al. Effect of high temperature on physical and mechanical properties of Jalore granite [J]. Journal of Applied Geophysics, 2018, 159: 460~474.

[195] Gautam P K, Verma A K, Singh T N, et al. Experimental investigations on the thermal properties of Jalore granitic rocks for nuclear waste repository [J]. Thermochimica Acta, 2019, 681: 178381.

[196] Ulusay R. The ISRM suggested methods for rock characterization, testing and monitoring: 2007-2014 [M]. Springer, 2014.

[197] 周辉, 孟凡震, 刘海涛, 等. 花岗岩脆性破坏特征与机制试验研究 [J]. 岩石力学与工程学报, 2014, 33 (9): 1822~1827.

[198] 刘向君, 熊健, 梁利喜, 等. 基于微CT技术的致密砂岩孔隙结构特征及其对流体流动的影响 [J]. 地球物理学进展, 2017, 32 (3): 1019~1028.

[199] 谢和平. 分形几何及其在岩土力学中的应用 [J]. 岩土工程学报, 1992, 14 (1): 14~24.

[200] Katz A J, Thompson A H. Fractal sandstone pores: implications for conductivity and pore formation [J]. Physical Review Letters, 1985, 54 (12): 1325~1328.

[201] Grima J N, Gatt R, Alderson A, et al. An alternative explanation for the negative Poisson's ratios in α-cristobalite [J]. Materials Science and Engineering: A, 2006, 423 (1/2): 219~224.

[202] 涂忠仁, 杨强. 岩体负泊松比试验研究 [J]. 岩土力学, 2008, 29 (10): 2833~2836.

[203] 谢和平, 彭瑞东, 鞠杨, 等. 岩石破坏的能量分析初探 [J]. 岩石力学与工程学报, 2005, 24 (15): 2603~2608.

[204] 谢和平, 鞠杨, 黎立云, 等. 岩体变形破坏过程的能量机制 [J]. 岩石力学与工程学报, 2008, 27 (9): 1729~1740.

[205] 张英, 郭奇峰, 蔡美峰, 等. 硬岩脆性指标与弹性应变能关系初探 [J]. 哈尔滨工业大学学报, 2019, 51 (6): 79~88.

[206] 李鹏飞, 赵星光, 郭政, 等. 北山花岗岩在三轴压缩条件下的强度参数演化 [J]. 岩石力学与工程学报, 2017, 36 (7): 1599~1610.

[207] Martin C D, Chandler N A. The progressive fracture of Lac du Bonnet granite [C] // International Journal of Rock Mechanics and Mining Sciences & Geomechanics Abstracts. Pergamon, 1994, 31 (6): 643~659.

[208] Nicksiar M, Martin C D. Evaluation of methods for determining crack initiation in compression

tests on low-porosity rocks [J]. Rock Mechanics and Rock Engineering, 2012, 45 (4): 607~617.

[209] Brace W F, Paulding Jr B W, Scholz C H. Dilatancy in the fracture of crystalline rocks [J]. Journal of Geophysical Research, 1966, 71 (16): 3939~3953.

[210] Lemaitre J. A continuous damage mechanics model for ductile fracture [J]. Journal of Engineering Materials and Technology, 1985, 107 (1): 83~89.

[211] Pan J, Cai M, Li P, et al. A damage constitutive model of rock-like materials containing a single crack under the action of chemical corrosion and uniaxial compression [J]. Journal of Central South University, 2022, 29 (2): 486~498.

[212] Pan J, Zhang Y, Li P, et al. Mechanical properties and thermo-chemical damage constitutive model of granite subjected to thermal and chemical treatments under uniaxial compression [J]. Construction and Building Materials, 2023, 390: 131755.

[213] Liu X S, Ning J G, Tan Y L, et al. Damage constitutive model based on energy dissipation for intact rock subjected to cyclic loading [J]. International Journal of Rock Mechanics and Mining Sciences, 2016, 85: 27~32.

[214] 张全胜, 杨更社, 任建喜. 岩石损伤变量及本构方程的新探讨 [J]. 岩石力学与工程学报, 2003, 22 (1): 30~34.

[215] 王菲. 基于三轴压缩试验的岩石统计损伤本构模型研究 [D]. 北京: 清华大学, 2013.